U0347420

新工人三级安全教育丛书

煤矿企业新工人三级
安全教育读本
（第二版）

袁河津　编　著

中国劳动社会保障出版社

图书在版编目（CIP）数据

煤矿企业新工人三级安全教育读本/袁河津编著. —2 版. —北京：中国劳动社会保障出版社，2015

（新工人三级安全教育丛书）

ISBN 978 - 7 - 5167 - 1782 - 0

Ⅰ.①煤…　Ⅱ.①袁…　Ⅲ.①煤矿企业-安全教育　Ⅳ.①TD7

中国版本图书馆 CIP 数据核字（2015）第 081817 号

中国劳动社会保障出版社出版发行
（北京市惠新东街 1 号　邮政编码：100029）

*

北京金明盛印刷有限公司印刷装订　新华书店经销
880 毫米×1230 毫米　32 开本　6.25 印张　164 千字
2015 年 5 月第 2 版　　2015 年 5 月第 1 次印刷
定价：20.00 元

读者服务部电话：(010) 64929211/64921644/84643933
发行部电话：(010) 64961894
出版社网址：http://www.class.com.cn

内 容 简 介

本书包括煤矿安全生产方针与法律法规、煤矿安全生产管理、井工煤矿安全开采、井工煤矿五大灾害防治、露天煤矿安全开采、煤矿工人权利义务和应急自救六章内容。

自 2014 年 12 月 1 日起施行的《中华人民共和国安全生产法》规定："生产经营单位应当对从业人员进行安全生产教育和培训，保证从业人员具备必要的安全生产知识，熟悉有关的安全生产规章制度和安全操作规程，掌握本岗位的安全操作技能，了解事故应急处理措施，知悉自身在安全生产方面的权利和义务。未经安全生产教育和培训合格的从业人员，不得上岗作业。"《煤矿企业安全培训规定》明确规定："新招入矿的井下从业人员安全培训不少于 72 学时，经考核合格并在有经验的职工带领下实习满 4 个月后方可独立上岗作业。"

2008 年，《煤矿企业新工人三级安全教育读本》第一版发行后，我国煤矿安全生产面貌发生了很大变化，根据近期颁布施行的新国家安全法律法规、部门规章和规定，安全管理新水平、新模式，近期发生的典型煤矿生产安全新事故，安全操作技能新方法，煤矿井下紧急避险系统新技术和煤矿安全质量标准化新标准等，结合作者长期从事煤矿基层安全生产工作和新工人安全技术培训的经验进行了修订，相信通过本书的培训，能极大地提高煤矿新工人安全生产综合素质，进一步巩固和发展我国煤矿安全生产稳定好转的状况。

本书可供煤矿新工人安全培训使用，也可供煤矿企业其他职工参考学习。

本书由教授级高工袁河津编著。参与编写的还有开滦集团常荣俊、姚绍强、关联合、赵建立、袁楠，开滦安全培训中心张连发、安树峰、姬光喜、郭劲夫，山东肥矿集团技师学院纪晓峰、杨守峰和山西晋能集团有限公司刘平、李纯等。

2014 年 12 月 28 日于河北唐山

前　言

《中华人民共和国安全生产法》规定："生产经营单位应当对从业人员进行安全生产教育和培训，保证从业人员具备必要的安全生产知识，熟悉有关的安全生产规章制度和安全操作规程，掌握本岗位的安全操作技能，了解事故应急处理措施，知悉自身在安全生产方面的权利和义务。未经安全生产教育和培训合格的从业人员，不得上岗作业。"

《生产经营单位安全培训规定》规定：

"煤矿、非煤矿山、危险化学品、烟花爆竹等生产经营单位必须对新上岗的临时工、合同工、劳务工、轮换工、协议工等进行强制性安全培训，保证其具备本岗位安全操作、自救互救以及应急处置所需的知识和技能后，方能安排上岗作业。"

"加工、制造业等生产单位的其他从业人员，在上岗前必须经过厂（矿）、车间（工段、区、队）、班组三级安全培训教育。"

企业对新入厂的工人进行三级安全教育，既是依照法律履行企业的权利与义务，同时也是企业实现可持续发展的重要措施。

不同行业的企业生产特点各不相同，存在的危险因素也大相径庭，要求工人掌握的安全生产技能和要求也有根本的区别，很难通过一本书来面面俱到地涉及不同行业需要的不同内容。"新工人三级安全教育丛书"按行业分类，更加深入、细致、全面地讲述相应行业的生产特点和技术要求，以及本行业作业人员可能遇到的典型的危险因素，可有助于工人快速地掌握本行业的安全生产知识，更贴近企业三级安全教育的要求，利于不同行业的企业进行新工人培训时使用，使新工人在学习了相关内容之后能够顺利地走上工作岗位，并对其今后正确处理工作中遇到的安全生产问题具有指导意义。

"新工人三级安全教育丛书"在2008年推出第一版后，受到了广大企业用户的欢迎和好评，纷纷将与企业生产方向相近的图书品种作为新工人三级安全教育的教材和学习用书，取得了很好的效果。2009年以来，我国安全生产相关的法律法规进行了一系列修改，尤其是2014年12月1日开始实施的修改后的《安全生产法》，在用人单位对从业人员的安全生产培训教育方面提出了更高的要求。为了能够给各行业企业提供一套适应时代发展要求的图书，我社对原图书品种进行了改版，并增加了建筑施工企业、道路交通运输企业两个行业的品种。新出版的丛书是在认真总结和研究企业新工人三级安全教育工作的基础上开发的，并在书后附了用于新工人三级安全教育的试题以及参考答案，将更加具有针对性，是企业用于新工人三级安全教育的理想图书。

目　　录

第一章 煤矿安全生产方针与法律法规

第一节 煤炭在国民经济中的 地位和安全工作的重要性

我国是世界上最早发现、开采和利用煤炭的国家。在距今 2000 多年前的西汉至魏晋南北朝时期，我国已大量开采煤炭，并用于冶炼和取暖。

一、煤炭的形成

煤炭的形成过程大致分为三个阶段。

1. 古代地球上生长的植物枝繁叶茂，死去后其遗体堆积在湖泊、沼泽底部，随着时间的推移和地壳的运动逐渐被水覆盖。在细菌参与的生物化学作用下，植物遗体开始腐烂分解，有的变成了液体而失散，有的变成了气体被挥发，而保留下来的残余部分就变成了泥炭。

2. 随着时间的推移，泥炭被风、水带来的泥沙所覆盖，并且泥沙越积越厚，加上地壳的不断沉降，这些泥炭逐渐被埋到地下深处。被埋在地下深处的泥炭在高温高压的作用下开始缓慢地变质，这些含碳物质开始脱水密实、比重增大、颜色变深、硬度增加，逐渐变成了褐煤。

3. 褐煤形成以后，如果地壳继续下沉，则在更大的温度和压力条件下，褐煤内部成分将进一步变化，最终形成了无烟煤。其变化次序为：褐煤→长焰煤→不粘煤→弱粘煤→气煤→肥煤→焦煤→瘦煤→贫煤→无烟煤。

二、煤炭在国民经济中的地位

1. 煤炭在国民经济中的作用

煤炭是工业生产的粮食，又是人民生活的主要能源，在国民经济中占有重要的地位。

我国在已探明的石化能源储量中，90%以上为煤炭。从我国煤炭消费形势来看，煤炭作为我国的主体能源和重要的工业原料，在我国一次能源生产和消费结构中的比重一直保持在70%～75%。据测算，我国煤炭生产利用对国民经济总量和增量的贡献率分别为15%和18%左右。煤炭工业为促进国民经济和社会的平稳发展，推进工业化、城镇化和现代化进程，提供了重要的物质基础和能源支撑。

2．煤炭行业面临的困难和对策

当前由于受国内外经济大气候的影响，我国煤炭行业出现了产能严重过剩、存煤普遍超标、煤价持续下滑等现象，全行业亏损面在70%以上，有8个省区煤炭全行业亏损。如何攻坚克难、扭亏脱困？煤矿企业的主要对策就是始终坚持以经济效益为中心不动摇。

（1）向生产过程要效益。坚持按"准时、均衡、安全、高效"的精益管理原则组织生产，建立目标责任体系。

（2）向定员定编要效益。以"满负荷、高效率生产"为原则，定编、定岗、定额、定员，减少富余人员，同时要调动职工积极性，提高劳动效率。

（3）向物资管理要效益。规范物资采、供、用、管的全过程管理，建立废旧物资的回收、修复、综合利用机制，减少浪费。

（4）向提升质量要效益。加强煤炭产品质量管理，明确生产环节、洗选环节、储装环节的考核标准，确保煤质。

（5）向技术创新要效益。按照"创新、适用、高效、安全、洁净"的原则，提高生产效率和降低消耗。

（6）向销售过程要效益。建立畅通的销售渠道，严格控制销售过程的各种成本支出。

三、安全生产在煤炭工业中的重要性

1．煤矿安全生产的必要性

（1）煤矿自然条件的特殊性决定了安全生产始终是煤矿的头等大事

党中央和国务院对煤矿的安全生产工作历来十分重视。近年来，国家又采取了多项重大举措，使煤矿事故有了明显下降，安全生产状况总体趋于好转。但是，由于煤矿地质条件复杂多变，经常受到瓦斯、煤尘、水、火和顶板等灾害的威胁，同时还会发生机械故障、电气故障、运输提升和爆破等其他事故。加之技术装备水平比较落后、职工队伍素质不高、安全管理薄弱，煤矿企业仍然是发生事故次数和伤亡人数最多的工矿企业。为了迅速扭转煤矿安全生产的被动局面，必须加强安全生产管理工作。

（2）煤矿安全历史经验证明煤矿开采史就是一部安全生产的管理史

哪里有生产活动，哪里就有安全管理。安全管理随着生产的产生而产生，随着生产的发展、提高而发展、提高。在《天工开物》中有这样的记载："煤炭刚露出时，有毒有害气体涌出熏人。将粗大的竹子掏空中节，一端削尖，插到煤炭中，这时有毒有害气体便从空竹中排出……在上面支设木板，以防止顶板塌落伤人。一旦煤炭采出来以后，便用泥土充填其空间。"这说明我国早在明朝就已掌握和使用了井下通风、排放瓦斯、支护顶板和充填采空区等安全生产管理方法，如图1—1和图1—2所示。新中国成立以来的安全生产经验和教训证明：哪里安全管理搞得好，什么时期安全管理搞得好，就会出现事故少、生产发展的局面；反之，就会出现事故频发、生产停滞不前的现象。

图1—1　古代采煤（支护顶板）

图1—2   古代采煤（排放瓦斯）

2. 当前我国煤矿安全生产的现状

2013年，我国安全生产工作取得了明显成效，安全生产形势持续稳定好转，出现了三个大幅度下降：一是事故总量大幅度下降。全国事故总量减少了27 700多起，同比下降了8.2%。事故死亡人数减少了2 549人，同比下降3.5%；二是重特大事故数量大幅度下降。重特大事故比上一年减少了10起，下降16.9%，死亡人数同比下降5.9%；三是安全生产四项相对指标也有了大幅度下降。比如亿元GDP死亡率同比下降了12.7%，工矿商贸十万从业人员事故死亡率下降了7.3%，道路交通万车死亡率下降了8%，煤矿百万吨死亡率为0.288，首次降到0.3以下，同比下降23.0%。安全生产形势的持续稳定好转也为我国经济社会的又好又快发展创造了相对安全稳定的环境。

但是也要清醒地看到，当前安全生产形势依然严峻，某些制约安全生产的深层次问题还没有得到根本解决，一些重点行业领域的安全生产事故总量还比较大，而且重特大事故还没有得到根本遏制。这些都暴露出一些地方和一些企业安全发展的意识还不牢靠，安全第一的思想还没有真正树立起来，在安全管理上存在很多漏洞，安全隐患还比较多，而且许多重大隐患还没有得到根本消除，在应急处置上也存在一些漏洞和问题。因此，搞好我国煤矿安全生产工作迫在眉睫。

3. 搞好我国煤矿安全生产的主要途径

（1）加快落后小煤矿的关闭退出

重点关闭 9 万吨/年及以下不具备安全生产条件的煤矿，加快关闭 9 万吨/年及以下煤与瓦斯突出等灾害严重的煤矿，坚决关闭发生较大及以上责任事故的 9 万吨/年及以下的煤矿。关闭超层越界拒不退回和资源枯竭的煤矿；关闭拒不执行停产整顿指令，仍然组织生产的煤矿。不能实现正规开采的煤矿，一律停产整顿；逾期仍未实现正规开采的，依法实施关闭。没有达到安全质量标准化三级标准的煤矿，限期停产整顿；逾期仍不达标的，依法实施关闭。

（2）严格执行煤矿安全准入制度

严格执行煤矿建设项目核准和生产能力核定工作。一律停止核准新建生产能力低于 30 万吨/年的煤矿，一律停止核准新建生产能力低于 90 万吨/年的煤与瓦斯突出矿井。现有煤与瓦斯突出、冲击地压等灾害严重的生产矿井，原则上不再扩大生产能力；2015 年年底前，重新核定上述矿井的生产能力，核减不具备安全保障能力的生产量。

煤矿必须配备矿长、总工程师和分管安全、生产、机电的副矿长，以及负责采煤、掘进、机电运输、通风、地质测量工作的专业技术人员。矿长、总工程师和分管安全、生产、机电的副矿长必须具有安全资格证，且严禁在其他煤矿兼职；专业技术人员必须具备煤矿相关专业中专以上学历或注册安全工程师资格，且有 3 年以上井下工作经历。鼓励专业化的安全管理团队以托管、入股等方式管理小煤矿，提高小煤矿技术、装备和管理水平。建立煤炭安全生产信用报告制度，完善安全生产承诺和安全生产信用分类管理制度，健全安全生产准入和退出信用评价机制。

（3）深化煤矿瓦斯的综合治理

加强瓦斯管理。认真落实国家关于促进煤层气（煤矿瓦斯）抽采利用的各项政策。高瓦斯、煤与瓦斯突出矿井必须严格执行先抽后采、不抽不采、抽采达标原则。煤与瓦斯突出矿井必须按规定落实区域防突措施，开采保护层或实施区域性预抽时，应消除突出危险性，做到不采突出面、不掘突出头。发现瓦斯超限仍然作业的，一律按照事故查处，依法依规处理责任人。

（4）全面普查煤矿隐蔽致灾因素

强制查明隐蔽致灾因素。加强煤炭地质勘查管理，勘查程度达不到规范要求的，不得为其划定矿区范围。煤矿企业要加强建设生产期间的地质勘查，查明井田范围内的瓦斯、水、火等隐蔽致灾因素，未查明的必须综合运用物探、钻探等勘查技术进行补充勘查；否则，一律不得继续建设和生产。

建立隐蔽致灾因素普查治理机制。小煤矿集中的矿区，由地方人民政府组织进行区域性水害普查治理，对每个煤矿的老空区积水划定警戒线和禁采线，落实和完善预防性保障措施。国家从中央有关专项资金中予以支持。

（5）大力推进煤矿"四化"建设

加快推进小煤矿机械化建设。国家鼓励和扶持30万吨/年以下的小煤矿机械化改造，对机械化改造提升的符合产业政策规定的最低规模的产能，按生产能力核定办法予以认可。新建、改扩建的煤矿，不采用机械化开采的一律不得核准。

大力推进煤矿安全质量标准化和自动化、信息化建设。

（6）强化煤矿矿长责任和劳动用工管理

提高煤矿工人素质。加强煤矿班组安全建设，加快变"招工"为"招生"，强化矿工实际操作技能培训与考核。所有煤矿从业人员必须经考试合格后持证上岗，严格教考分离，建立统一题库，制定考核办法，对考核合格人员免费颁发上岗证书。健全考务管理体系，建立考试档案，切实做到考试不合格不发证。将煤矿农民工培训纳入各地促进就业规划和职业培训扶持政策范围。

（7）提升煤矿安全监管和应急救援科学化水平

明确部门安全监管职责。按照"管行业必须管安全、管业务必须管安全、管生产经营必须管安全"的原则，进一步明确各部门监管职责，切实加强基层煤炭行业管理和煤矿安全监管部门能力建设。创新监管监察方式方法，开展突击暗查、交叉执法、联合执法，提高监督管理的针对性和有效性。煤矿安全监管监察部门发现煤矿存在超能力生产等重大安全生产隐患和行为时，要依法责令停产整顿；发现违规建设的煤矿，要责令停止施工并依法查处；发现停产整顿期间仍然组织生产的煤矿，要依法提请地方政府关闭。

第二节　我国安全生产方针及其含义

2014 年修订的《中华人民共和国安全生产法》将安全生产工作方针完善为"安全第一、预防为主、综合治理"。这一方针反映了党和国家对安全生产规律的新认识，对于指导社会主义市场经济和改革开放新时期的安全生产工作意义深远而重大。

一、"安全第一"是安全生产的红线

红线是一条生命线、幸福底线；红线又是一条高压线、责任线。安全生产要的是人民得实惠的发展，不要以牺牲人的生命为代价的发展；安全生产要的是人民更幸福的发展，不要损害健康、损害生命的发展。

1. 安全生产关系到最广大人民群众的根本利益。生命最珍贵，"以人为本"，首先要以人的生命为本，生命安全是人最基本的需要。坚守发展决不能以牺牲人的生命为代价这条红线，坚定以人为本、生命至上、安全发展的工作方向。

2. 只有生命安全得到切实保障，才能调动和激发人们的创造活力和生活激情；只有使重大事故得到遏制，大幅度减少事故造成的创伤，社会才能安定和谐。不能以损害工人生命安全和身体健康为代价来换取短期局部的经济发展。

3. "安全第一"还体现在看待和处理安全与生产、效益等关系时，必须要突出安全，把安全放在一切生产和生活中的第一位置上，要做到不安全不生产、隐患不排除不生产、安全措施不落实不生产。

二、"预防为主"是安全生产的根本途径

在对待事故预防和处理二者的关系上，要坚持以预防为主。在生产过程中，应当采取有效的事前预防和控制措施，做到防患于未然，治理于萌芽状态。

应当承认，煤矿事故的发生有一定的突然性和意外性，但还是有预兆和规律的，只要我们通过现代安全管理方法提高工人安全意识，同时运用先进的技术手段，是能够预测和防范事故发生的。与以往不同的是，新时期的"预防为主"是在科学发展观的指导下，在经济、政治、文化和社会主义建设"四位一体"的战略部署中推进的，其内涵更加丰富。

三、"综合治理"是实现安全生产的有效手段和方法

"综合治理"是对以往方针的充实、丰富和发展，既继承了以往方针的精华，又进行了发展；既适应了当前安全形势的迫切要求，又为未来安全工作拓展了广阔的空间。

1. 煤矿安全生产不是一个简单的问题，涉及方方面面，所以，搞好安全工作，单从某一个方面入手而不考虑其他方面的配合是不行的。

2. "综合治理"有着非常丰富的内涵，全行业、全系统、全企业各部门都要对安全工作加以重视，实行党政工团齐抓共管，建立"党政同责、一岗双责、齐抓共管"责任体系，坚持管理、装备、培训"三并重"原则，落实全员、全方位、全过程"三全"要求，抵制违章指挥、违章作业、违反劳动纪律"三违"行为。

3. 在新时期安全生产实践中，我们遇到许多新矛盾、新问题，客观上要求必须实施"综合治理"。例如煤矿安全"1+4"工作法："1"即握紧一个"方向盘"，坚守红线，坚定以人为本、生命至上、安全发展的工作方向；"4"即坚持"四轮驱动"，一是把煤矿安全"双七条"贯彻到底，二是打好50个重点县煤矿安全攻坚战，三是警示教育要生动有效，四是建立安全生产监督管理干部与矿长谈心对话工作机制。

由此可见，"综合治理"是实现安全生产的有效手段。

第三节 煤矿安全生产法律法规、规章

一、《中华人民共和国安全生产法》

中华人民共和国主席习近平于 2014 年 8 月 31 日签发了中华人民共和国主席第十三号令：《全国人民代表大会常务委员会关于修改〈中华人民共和国安全生产法〉的决定》，该决定已由中华人民共和国第十二届全国人民代表大会常务委员会第十次会议于 2014 年 8 月 31 日通过，自 2014 年 12 月 1 日起施行。

新修改的《中华人民共和国安全生产法》共七章、一百一十四条：第一章总则、第二章生产经营单位的安全生产保障、第三章从业人员的安全生产权利义务、第四章安全生产的监督管理、第五章生产安全事故的应急救援与调查处理、第六章法律责任、第七章附则。

1. 方针和机制

（1）安全生产工作应当以人为本，坚持安全发展，坚持安全第一、预防为主、综合治理的方针。

（2）强化和落实生产经营单位的主体责任，建立生产经营单位负责、职工参与、政府监管、行业自律和社会监督的机制。

2. 管理

（1）生产经营单位必须遵守《安全生产法》和其他有关安全生产的法律、法规，加强安全生产管理，建立、健全安全生产责任制和安全生产规章制度，改善安全生产条件，推进安全生产标准化建设，提高安全生产水平，确保安全生产。

（2）生产经营单位的主要负责人对本单位的安全生产工作全面负责。

（3）生产经营单位的从业人员有依法获得安全生产保障的权

利，并应当依法履行安全生产方面的义务。

3. 教育和培训

（1）生产经营单位应当对从业人员进行安全生产教育和培训，保证从业人员具备必要的安全生产知识，熟悉有关的安全生产规章制度和安全操作规程，掌握本岗位的安全操作技能，了解事故应急处理措施，知悉自身在安全生产方面的权利和义务。未经安全生产教育和培训合格的从业人员，不得上岗作业。

（2）生产经营单位采用新工艺、新技术、新材料或者使用新设备，必须了解、掌握其安全技术特性，采取有效的安全防护措施，并对从业人员进行专门的安全生产教育和培训。

（3）生产经营单位的特种作业人员必须按照国家有关规定经专门的安全作业培训，取得相应资格，方可上岗作业。

（4）生产经营单位应当教育和督促从业人员严格执行本单位的安全生产规章制度和安全操作规程，并向从业人员如实告知作业场所和工作岗位存在的危险因素、防范措施以及事故应急措施。

（5）生产经营单位必须为从业人员提供符合国家标准或者行业标准的劳动防护用品，并监督、教育从业人员按照使用规则佩戴、使用。

4. 权利和义务

（1）生产经营单位与从业人员订立的劳动合同，应当载明有关保障从业人员劳动安全、防止职业危害的事项，以及依法为从业人员办理工伤保险的事项。

（2）生产经营单位的从业人员有权了解其作业场所和工作岗位存在的危险因素、防范措施及事故应急措施，有权对本单位的安全生产工作提出建议。

（3）从业人员有权对本单位安全生产工作中存在的问题提出批评、检举、控告，有权拒绝违章指挥和强令冒险作业。

（4）从业人员发现直接危及人身安全的紧急情况时，有权停止作业或者在采取可能的应急措施后撤离作业场所。

（5）因生产安全事故受到损害的从业人员，除依法享有工伤保险外，依照有关民事法律尚有获得赔偿的权利的，有权向本单位提出赔偿要求。

（6）从业人员在作业过程中，应当严格遵守本单位的安全生产规章制度和操作规程，服从管理，正确佩戴和使用劳动防护用品。

（7）从业人员应当接受安全生产教育和培训，掌握本职工作所需的安全生产知识，提高安全生产技能，增强事故预防和应急处理能力。

（8）从业人员发现事故隐患或者其他不安全因素，应当立即向现场安全生产管理人员或者本单位负责人报告；接到报告的人员应当及时予以处理。

（9）生产经营单位不得以任何形式与从业人员订立协议，免除或者减轻其对从业人员因生产安全事故伤亡依法应承担的责任。

（10）生产经营单位的从业人员不服从管理，违反安全生产规章制度或者操作规程的，由生产经营单位给予批评教育，依照有关规章制度给予处分；构成犯罪的，依照刑法有关规定追究刑事责任。

二、《煤矿安全培训规定》

《煤矿安全培训规定》于 2012 年 5 月 3 日在国家安全生产监督管理总局局长办公会议审议通过，自 2012 年 7 月 1 日起施行。

1. 煤矿从业人员应当符合下列基本条件：

（1）身体健康，无职业禁忌证；

（2）年满 18 周岁且不超过国家法定退休年龄；

（3）具有初中及以上文化程度；

（4）法律、行政法规规定的其他条件。

2. 煤矿企业不得安排未经安全培训合格的人员从事生产作业活动。安全培训机构应当对参加培训人员的基本条件进行审查；符合条件的，方可接受其参加培训。

3. 从事采煤、掘进、机电、运输、通风、地测等工作的班组长，以及新招入矿的其他从业人员初次安全培训时间不得少于 72 学时，每年接受再培训的时间不得少于 20 学时。

4. 煤矿从业人员调整工作岗位或者离开本岗位 1 年以上（含 1 年）重新上岗前，应当重新接受安全培训；经培训合格后，方可上岗作业。

5. 煤矿应当建立井下作业人员实习制度，制定新招入矿的井下作业人员实习大纲和计划，安排有经验的职工带领新招入矿的井下作业人员进行实习。新招入矿的井下作业人员实习满 4 个月后，方可独立上岗作业。

三、《煤矿班组安全建设规定（试行）》

2012 年 6 月 26 日，国家安全监管总局、国家煤矿安监局和中华全国总工会联合颁布了《煤矿班组安全建设规定（试行）》，自 2012 年 10 月 1 日起施行。

1. 煤矿班组安全建设以"作风优良、技能过硬、管理严格、生产安全、团结和谐"为总要求，着力加强现场安全管理、班组安全教育培训、班组安全文化建设，筑牢煤矿安全生产第一道防线。

2. 煤矿企业应当建立完善以下班组安全管理规章制度：

（1）班前、班后会和交接班制度；

（2）安全质量标准化和文明生产管理制度；

（3）隐患排查治理报告制度；

（4）事故报告和处置制度；

（5）学习培训制度；

（6）安全承诺制度；

（7）民主管理制度；

（8）安全绩效考核制度；

（9）煤矿企业认为需要制定的其他制度。

煤矿企业在制定、修改班组安全管理规章制度时，应当经职工代表大会或者全体职工讨论，与工会或者职工代表平等协商确定。

3. 煤矿企业应当加强班组信息管理，班组要有质量验收、交接、隐患排查治理等记录，并做到字迹清晰、内容完整、妥善保存。

4. 煤矿企业应当指导班组建立健全从班组长到每个岗位人员

的安全生产责任制。

5. 煤矿企业必须全面推行安全生产目标管理，将安全生产目标层层分解落实到班组，完善安全、生产、效益结构工资制，区队每月进行考核兑现。

6. 煤矿企业必须依据国家标准要求，改善作业环境，完善安全防护设施，按标准为职工配备合格的劳动防护用品，按规定对职工进行职业健康检查，建立职工个人健康档案，对接触有职业危害作业的职工，按有关规定落实相应待遇。

7. 煤矿企业应当制定班组作业现场应急处置方案，明确班组长应急处置指挥权和职工紧急避险逃生权。

8. 煤矿企业应当建立班组民主管理机构，组织开展班组民主活动，认真执行班务公开制度，赋予职工在班组安全生产管理、规章制度制定、安全奖罚、班组长民主评议等方面的知情权、参与权、表达权、监督权。

四、煤矿"三大规程"

煤矿"三大规程"指的是《煤矿安全规程》《煤矿工人技术操作规程》（以下简称《操作规程》）与《采掘工作面作业规程》（以下简称《作业规程》）。

1.《煤矿安全规程》

现行的《煤矿安全规程》自 2011 年 3 月 1 日起施行。

（1）贯彻实施《煤矿安全规程》的意义

《煤矿安全规程》是煤炭工业贯彻落实《中华人民共和国安全生产法》《中华人民共和国矿山安全法》《中华人民共和国煤炭法》和《煤矿安全监察条例》等安全法律法规的具体规定，是保障煤矿职工安全与健康、保护国家资源和财产不受损失、促进煤炭工业健康发展必须遵守的准则。

《煤矿安全规程》是煤炭工业主管部门制定的在安全管理，特别是在安全技术上总的规定，是煤矿职工从事生产和指挥生产最重要的行为规范，所以全国所有煤矿企事业单位及其主管部门都必须严格执行。

（2）《煤矿安全规程》的主要内容

《煤矿安全规程》共有四编751条。

第一编——总则。规定了煤矿必须遵守国家有关安全生产的法律法规、规章、规程、标准和技术规范；建立各类人员安全生产责任制；明确职工有权制止违章作业，拒绝违章指挥。

第二编——井工部分。规定了井下采煤有关开采、"一通三防"、防治水、机电运输、爆破作业及煤矿救护等领域所涉及的安全生产行为标准。

第三编——露天部分。规定了露天开采所涉及的安全生产行为标准。

第四编——职业危害。规定了职业危害的管理和监测、健康监护的标准。

（3）《煤矿安全规程》的特性

《煤矿安全规程》是我国煤矿安全管理方面最全面、最具体、最权威的一部基本规程。它具有以下特性：

1）强制性。《煤矿安全规程》是煤矿安全法律法规的组成部分，所有煤矿都必须遵守，如违反《煤矿安全规程》，视情节或后果的严重程度，给予行政处分、经济处罚，直至由司法机关追究刑事责任。

2）科学性。《煤矿安全规程》是长期煤炭生产经验和科学研究成果的总结，是广大煤矿职工智慧的结晶，也是煤矿职工用生命和汗水换来的，它的每一条规定都是在某种特定条件下可以普遍适用的行为规则。《煤矿安全规程》是与煤矿安全状况、煤炭工业发展水平和煤矿安全监察体制改革同步发展，并不断完善的。

3）规范性。《煤矿安全规程》明确规定了煤矿生产建设中哪些行为被允许，哪些行为被禁止，具有很强的规范性。同时，该规程也是认定煤矿事故性质和应承担的责任的重要依据。

4）稳定性。《煤矿安全规程》在一段时间内相对稳定，不得随意修改，经执行一个时期后再由国家安全生产监督管理总局负责组织修订。

2.《操作规程》

《操作规程》是煤矿生产各岗位工人在生产中具体操作行为标准的指导性文件。

（1）贯彻执行《操作规程》的意义

《操作规程》是煤矿企事业单位或主管部门根据《煤矿安全规程》和有关质量标准等文件的规定，结合岗位工人的工作环境条件、所用工具及设备等情况，以保证人员、设备的安全为目的而编制的。岗位工人只有严格按本岗位的操作规程操作，才能保障安全生产；否则，就可能导致事故的发生。

（2）《操作规程》的基本内容

《操作规程》对岗位工人生产作业中的具体操作程序、方法、安全注意事项等做了具体、明确的规定。

《操作规程》的基本内容一般包括四个部分：一般规定；准备、检查和处理；操作和注意事项；收尾工作。

3.《作业规程》

《作业规程》是生产建设或安装工程施工单位根据有关法律法规和《煤矿安全规程》的规定，结合工程的具体情况而编制的作业指导性文件。

（1）贯彻执行《作业规程》的意义

《作业规程》是煤矿生产建设的行为规范，具有法规性质。其作用是科学、安全地组织与指导生产施工，使工程达到安全、优质、高效、快速、低耗的效果。因此，每一个作业人员都必须严格执行本工程的《作业规程》。

（2）《作业规程》的一般内容

煤矿《作业规程》是规范采掘工程技术管理、现场管理，协调各工序、工种关系，落实安全技术措施、保障安全生产的准则。例如，采煤工作面《作业规程》一般包括：概况、采煤方法、顶板控制、生产系统、劳动组织及主要技术经济指标、煤质管理、安全技术措施和灾害应急措施及避灾路线等内容。

（3）学习、贯彻《作业规程》

煤矿《作业规程》的学习贯彻，必须在工作面开工之前完成；由施工单位负责人组织参加施工人员学习，由编制本规程的技术人员负责贯彻。参加学习的人员，经考试合格方可上岗。考试合格人员的考试成绩应登记在本规程的学习考试记录表上，并签名，存入本单位的培训档案。

复习思考题

1. 我国的安全生产方针是什么？

2. 新修改的《中华人民共和国安全生产法》自何年何月何日起施行？

3. 新工人初次安全培训时间不得少于多少学时？

4. 新工人实习满几个月后方可独立上岗作业？

5. 煤矿企业必须完善怎样的结构工资制？

6. 煤矿"三大规程"指的是哪些规程？

7. 《煤矿安全规程》有哪些特点？

8. 《操作规程》是什么性质的文件？

9. 《作业规程》具有哪些作用？

第二章 煤矿安全生产管理

第一节 安全生产管理的意义、对象和内容

安全生产管理指的是，一切保护职工生命安全和身体健康，消除和控制生产过程中的各种危险，防止发生事故、职业危害和环境污染，避免各种损失的一系列活动。

一、安全生产管理的重要意义

安全生产是一项复杂而艰巨的工作，要坚持"培训、管理、装备"三并重的原则，在当前我国煤矿企业安全生产现状中，管理成为"三并重"之首，安全生产管理具有重要意义和作用。

1. 搞好安全生产管理是贯彻落实安全生产方针的基本保证

为了贯彻落实安全生产方针，一方面需要各级领导具有高度的安全责任感和自觉性，千方百计实施消除和控制各种灾害事故和职业病的措施、办法，加大对安全生产的投入；另一方面需要广大职工有牢固的安全第一思想。这一切都必须依靠扎实可靠、先进有效的安全生产管理工作来实现。

2. 搞好安全生产管理是预防、治理事故隐患的根本对策

安全生产事故隐患是发生灾害事故的根源。预防、治理事故的对策包括生产过程中人员的不安全行为的发现和控制，设备安全性能的检测、检验和维修保养，重大危险源的监控，生产工艺过程安全性的动态评价与控制，安全监测系统的运行，安全检查、监督、监察等。只有从加强安全生产管理做起才能实现预防治理事故隐患的目标。

3. 搞好安全生产管理是制定、实施安全技术和劳动卫生措施的基础

安全技术和劳动卫生措施可以从根本上改善劳动作业条件。创

造本质安全作业环境，是安全生产的重要基础工作，对于实现安全生产具有巨大的作用。但是，安全技术和劳动卫生措施不仅需要科学的安全决策，更需要进行有效的安全生产管理活动，才能发挥其应有的作用。

4. 搞好安全生产管理是实现煤矿安全生产的必要途径

煤矿灾害防治水平的提高是通过采取行之有效的安全技术措施、提高设备的安全性能、创造安全作业条件和作业环境等来实现的。没有科学、有效的安全管理就不能实现安全生产，加强安全管理是安全生产的基础工作，搞好安全管理是实现煤矿安全生产的根本保证。

5. 搞好安全生产管理是改进企业管理、促进经济效益提高的前提

煤矿安全管理是企业管理的一个组成部分，二者密切联系，互相影响，互相促进。搞好企业的安全管理需要人员素质的提高，作业环境的整治和改善，设备与设施的检查、维修、改造和更新，劳动组织的科学化以及作业方法的改善等。为了做好这些方面的工作，对企业各方面工作提出了越来越高的要求，从而推动企业管理的改善和进步。企业管理水平的提高反过来又为改进安全管理创造了条件，促使安全管理水平不断得到提高。

二、安全生产管理的对象

煤矿企业生产系统是一个"人、机、环"系统，安全生产管理必须对该系统各个要素进行协调组合。安全生产管理就是对人的系统、机的系统和环的系统进行全方位、全过程、全员的管理和控制。其内容包括以下几方面。

1. 人的系统

所谓"人"是指创造产品的人。据有关资料统计，伤亡事故有90%以上是由于人员（包括管理者和劳动者）违章作业、违章指挥和违反劳动纪律造成的。所以，人员管理是安全生产管理的核心条件。

对人员应进行教育、引导、奖罚活动，使人员进一步提高安全生产意识。人员掌握重要技术和安全操作是安全生产的重要内容。

2．机的系统

所谓"机"是指创造产品的设备。煤矿事故有很多是由于机电设备、设施和物料造型不合理、维修不及时而造成的。所以，机的管理是安全生产管理的必要条件。

对机的系统应当合理地进行选型，建立健全维修保养制度，提高机电设备的适用性、完好性，这是安全生产的必要内容。

3．环的系统

所谓"环"是指创造产品的环境。环境因素对安全生产的影响力不可低估。广义的环境因素指的是社会环境、家庭环境、人际环境和作业环境；狭义的环境因素指的是现场作业环境。所以，环的管理是安全生产管理的基础条件。

改善现场作业环境，降低有害气体的含量，提供合适的气温、风速和湿度，控制水、火危害，保持顶板支架完好，是安全生产管理的基础内容。

三、安全生产管理的内容

安全生产管理的主要内容应包括以下三个方面。

1．安全生产管理的基础工作

安全生产管理的基础工作包括建立纵向各专业管理、横向各职能部门管理和群众监督相结合的安全生产管理体系，以企业安全生产责任制为核心的规章制度体系及以党政工团齐抓共管为中心的保障体系。

2．生产建设中的动态安全管理

生产建设中的动态安全管理包括企业生产环境、工艺流程和作业操作过程中的安全保障。

3．安全信息化工作

安全信息化工作包括国内外安全信息、本企业本单位安全信息的搜集、整理、分析、传输和反馈。

四、煤矿新工人基本安全知识

煤矿井下自然条件复杂，不安全因素较多，为了加强安全生产管理，煤矿新工人应具备以下四方面基本知识。

1. 安全第一的知识

煤矿新工人应了解煤矿安全生产方针和相关法律法规，增强法制观念，提高安全意识，牢固树立"生产必须安全，不安全不生产"的安全第一、生产第二的思想。

2. 安全技术知识

煤矿新工人应了解煤矿安全生产技术知识，熟悉并掌握矿井灾害事故的形成和防范措施。

3. 安全技能知识

煤矿新工人应了解本工种的操作技能要求，掌握所要接触的安全装置、设施、生产机械、工具的性能和正确使用方法。

4. 安全心理知识

煤矿新工人下井时的心理状态对安全生产有深刻影响，因此，新工人必须具有健康的安全心理。

第二节　煤矿安全规章制度

煤矿井下不利于安全的因素较多，为了保证矿井安全和工人生命安全，必须按照"党政同责、一岗双责、齐抓共管"的原则，建立健全完善的安全生产规章制度。

一、安全生产责任制度

要按照岗位、职能、权利和责任相统一的原则，明确各级负责人、职能机构和各岗位人员应承担的安全生产责任和义务；要将企业、部门或单位的全部安全生产责任逐项分解、逐级落实到各岗位和人员。

各岗位和人员包括主要负责人、领导班子、中层部门、班组长和岗位人员。

二、安全质量标准化管理制度

煤矿企业要明确安全质量检查标准、检查周期、考核评级、奖惩办法、组织检查的部门和人员。

三、安全教育和培训制度

应保证煤矿企业职工掌握本职工作应具备的法律法规知识、安全知识、专业技术知识和操作技能；明确企业职工教育与培训的周期、内容、方式、标准和考核办法；明确相关部门安全教育与培训的职责和考核办法；明确年度安全教育和培训计划，确定任务，落实费用。

对新招入矿工人的安全教育培训分为三级来进行，即矿级、区队级和班组级。

四、事故隐患排查治理制度

应保证及时发现和消除矿井存在各种灾害事故的隐患；明确事故隐患的识别、评估、报告、监控和治理标准；按照分级管理的原则，明确事故隐患整改的责任和义务。

五、安全监督检查制度

应保证有专门的安全管理机构，配备足够的专职安全管理人员；明确安全检查的周期、内容、检查标准、检查方式、负责组织的部门和人员、对检查结果的处理办法。

六、安全奖罚制度

必须兼顾责任、权利、义务，规定明确，奖罚对应；明确奖罚的项目、标准和考核办法。

七、入井检身和出入井人员清点制度

明确入井人员禁止带入井下的物品和检查方法；明确人员入井、出井登记，清点和统计、报告办法，保证准确掌握井下作业人数和人员名单，及时发现未能正常出井的人员并查明原因。

八、劳动防护用品管理制度

煤矿企业必须为从业人员提供符合国家标准或行业标准的劳动防护用品，并监督、教育从业人员按照使用规则佩戴、使用，不得以货币形式或者其他物品替代。

未按规定佩戴、使用劳动防护用品的人员不得上岗作业。

九、全员安全风险抵押金制度

煤矿企业应明确实施安全风险抵押金的对象及相应金额，扣除

安全风险抵押金的条件及扣除、返还比例，抵押金收缴、上交、支付及保管办法。

第三节　煤矿班组安全生产管理

班组安全是企业安全生产最基础、最直接、最重要的环节。要将国家安全生产法律法规贯彻到班组，将企业安全生产规章制度落实到班组，将企业安全文化理念渗透到班组，将现代安全管理理论和方法应用到班组，就必须加强班组安全建设与班组长管理。

煤矿企业班组安全建设以"作风优良、技能过硬、管理严格、生产安全、团结和谐"为总要求，着力加强现场安全管理、班组安全教育培训、班组安全文化建设，夯实筑牢煤矿安全生产第一道防线，创建"学习、安全、创新、专业、和谐"五型班组。

一、班组安全岗位责任制度

1. 班组长的安全岗位责任制

（1）认真执行有关安全生产的规定，带头遵守安全操作规程，对本班组工人在生产中的安全和健康负责。

（2）根据生产任务、作业环境和工人的思想状况，具体布置安全工作。对新工人进行现场安全教育，并指定专人负责其劳动安全。

（3）组织班组工人学习有关安全规程、规定，并检查工人执行情况。教育工人不得违章蛮干，发现违章作业，立即进行劝止。

（4）经常检查生产中的不安全因素，发现问题及时解决。对暂不能根本解决的问题，要采取临时措施加以控制，并及时上报。

（5）认真执行现场交接班制度，做到交接内容明确。

（6）现场发生伤亡事故，要积极组织抢救并保护现场，要在一小时内及时上报，并详细记录。事故发生后要立即组织全体区队、班组工人进行认真分析，吸取教训，提出防范措施。

（7）对本班组在安全工作中表现好的工人及时进行表扬，对"三违"现象提出批评，并在考核上进行经济奖罚。

2. 班组劳动保护检查员安全岗位责任制

班组要设立不脱产的劳动保护检查员。班组劳动保护检查员的日常工作归属班组长管理，业务上直属煤矿安全部门指导，协助班组长搞好安全工作。

（1）认真执行煤矿、班组有关安全生产的规章制度，在班前、班中和班后都要仔细观察作业现场及附近有无异常现象或安全隐患，发现问题要立即进行处理。

（2）提醒、耐心说服、劝告、阻止班组长的违章指挥，以及职工违章作业和违反劳动纪律的行为。

（3）认真检查作业现场职业危害防治措施的落实情况，教育工人正确佩戴和使用个人劳动防护用品。

（4）及时将群众对安全工作的意见和合理化建议汇报给班组长，把班组长对安全工作的部署和要求及时传达和落实到工人中。

（5）发现明显危及职工生命安全的紧急情况应立即报告，并组织职工采取必要的避险措施。

3. 班组工人安全岗位责任制

（1）认真学习上级有关安全生产的指示、规定，了解作业规程和安全技术知识，熟悉并掌握安全生产技能。

（2）自觉执行安全生产各项规章制度和操作规程，遵守劳动纪律。

（3）有权制止任何人违章作业，有权拒绝班组长的违章指挥。

（4）正确佩戴、使用和爱护个人劳动防护用品。

（5）积极参加安全生产活动，踊跃提出安全生产合理化建议。

（6）搞好本岗位的质量达标和文明生产。

二、班组安全管理规章制度

煤矿企业要建立和完善以下班组安全管理规章制度。

1. 班前、班后会和交接班制度。
2. 班组长带班工作制度。
3. 安全质量标准化和文明生产管理制度。
4. 隐患排查治理报告制度。

5. 安全评估制度。

6. 事故报告和处置制度。

7. 学习培训制度。

8. 安全承诺制度。

9. 民主管理制度。

10. 安全绩效考核制度。

11. 煤矿企业认为需要制定的其他制度。

三、完善班组管理体系

1. 煤矿企业应加强班组信息管理，班组要有质量验收、交接、隐患排查治理等记录，要求字迹清晰、内容完整，并妥善保存。

2. 煤矿企业必须建立健全从班组长到每个岗位人员的安全生产责任制。

3. 煤矿企业必须全面推行安全生产目标管理，将安全生产控制目标层层分解落实到班组，完善安全、生产、效益结构工资制，其中安全工资构成比例不低于30%。区队每月进行考核兑现。

4. 煤矿企业必须依据职工作业环境和国家标准要求，改善作业环境，完善安全防护设施，按标准为职工配备合格的劳动防护用品，按规定对职工进行职业健康检查，建立职工个人健康档案，对接触有职业危害作业的职工，按有关规定落实相应待遇。

5. 煤矿企业要建立班组作业现场应急处置方案，明确班组长应急处置指挥权和指挥职工紧急避险逃生权。

6. 煤矿企业要建立班组民主管理组织机构，组织开展班组民主活动，认真执行班务公开制度，赋予职工在班组安全生产管理、规章制度制定、安全奖罚、班组长民主评议等方面的参与权、建议权、监督权。

四、加强现场安全管理

1. 煤矿企业要依据《煤矿安全规程》《作业规程》和《煤矿安全技术操作规程》等相关规定，制定岗位安全工作标准、操作标准，规范工作流程。

2. 班组必须严格落实班前会制度。结合上一班作业现场情况，合理分配生产任务，布置当班安全生产事项，采取相应的防范措施，严格执行班前安全确认工作。

3. 班组必须严格执行交接班制度，重点交接清楚现场安全状况、存在隐患及整改情况、生产条件和应注意的安全事项等。

4. 班组要坚持正规循环作业，实现合理均衡生产，实行现场"限员挂牌"制，严禁两班交叉作业。

5. 班组必须严格执行隐患排查治理制度，对作业环境、安全设施及生产系统进行巡回检查，及时排查治理现场动态隐患，隐患未消除不得组织生产。

6. 班组必须积极开展安全质量标准化工作，加强作业现场精细化管理，做到各类材料、备品配件、工器具等摆放整齐有序，清洁文明生产，保持动态达标。

7. 班组要加强现场安全监测监控系统、安全监测仪器仪表、工器具和其他安全生产装备的保护和管理，确保正常使用、安全有效。

五、积极参加班组安全培训

1. 煤矿企业要重视和发挥班组在职工安全教育培训中的主阵地作用，强化班组成员安全风险意识、责任意识，进行安全警示教育，增强职工遵章作业的自觉性；建立实训基地，加强班组职工安全知识、操作技能、规程措施和新工艺、新设备、新技术安全培训。

2. 煤矿企业要强化危险源辨识和风险评估，提高职工对生产作业过程中各类危险因素的辨识和防范能力。必须加强班组应急救援知识培训和模拟演练，使班组职工熟悉防灾、避灾路线，增强自救互救和现场处置能力。班组成员应熟练掌握现场急救知识和处置技能，具有正确使用安全防护装备、及时果断进行现场急救的能力。

3. 煤矿企业要确保班组教育培训的投入，建立学习活动室，配备教学所需的设施、多媒体器材、书籍和资料等。

4. 煤矿企业每年必须对班组长进行专题安全培训，培训时间不得少于 40 学时，班组人员每年参加培训时间不得少于 16 学时。

六、推进班组安全文化建设

1. 煤矿企业要把班组安全文化建设作为矿井整体安全文化建设的重要组成部分，切实加强组织领导，加大安全文化建设的投入，为班组安全文化建设提供必要的条件和支持，培育独具特色的班组安全文化。

2. 煤矿班组要牢固树立"以人为本、安全第一、预防为主、综合治理""事故可防可控"和"班组安全生产、企业安全发展"等安全生产理念。

3. 煤矿企业要以提高职工责任意识、安全意识和防范技能为重点，加强正面舆论引导、法制宣传，强化班组安全生产法制意识，注重发挥家属协管的作用，培养正确的安全生产价值观，增强班组安全生产的内在动力。

4. 煤矿企业要建立安全诚信考核机制，建立职工诚信档案，安全诚信要与安全生产抵押金、工资分配挂钩。

5. 班组长要发挥示范带头作用，加强人文关怀、情感交流和心理疏导，提高班组团结协作能力，强化煤矿班组团队建设。

6. 注重培养团队创新精神。煤矿企业要建立班组合理化建议与创新激励机制，鼓励班组开展岗位创新、QC（质量控制）小组等活动。

第四节　"三违"管理办法

一、"三违"及其危害

"三违"指的是煤矿企业职工在生产建设中所发生或出现的违章指挥、违章作业和违反劳动纪律的行为和现象。

1. 违章指挥

违章指挥指的是各级管理者和指挥者对下级职工发出违反安全生产规章制度以及煤矿"三大规程"的指令的行为。

违章指挥是管理者和指挥者的一种特定行为。班组长在班组生产活动中具有一定的指挥、发号施令的权力，如果单纯追求生产进度、数量，置安全于脑后，凭老经验办事，忽视指挥的科学性原则，就可能发生违章指挥行为。

违章指挥是"三违"中危害最大的一种。管理者和指挥者的违章指挥行为往往会引导、促使职工的违章作业行为，而且使之具有连续性、外延性。

2. 违章作业

违章作业指的是煤矿企业作业人员违反安全生产规章制度以及煤矿"三大规程"的规定，冒险蛮干地进行作业和操作的行为。

违章作业是人为制造事故的行为，是造成煤矿各类灾害事故的主要原因之一。

违章作业是"三违"中数量最多的一种。违章作业主要发生在直接从事作业和操作的人员身上。

3. 违反劳动纪律

违反劳动纪律指的是煤矿企业从业人员违反企业制定的劳动纪律的现象和行为。

劳动纪律是指人们在共同的劳动中必须遵守的规则和秩序，是对不规范行为的约束，是保持正常生产秩序、完成生产任务的需要，也是保障矿工安全的需要。为了保证煤矿安全生产的顺利实施，必须同违反劳动纪律的现象和行为做斗争。

劳动纪律主要包括以下内容。

（1）必须严格遵守劳动时间和本单位规定的作息制度，禁止迟到、早退或者旷工，严格执行请销假制度。

（2）应服从组织安排，履行好岗位职责，严格遵守操作规程，按时保质保量完成好自己的工作任务，做到文明生产和安全生产。不得消极怠工和玩忽职守。

（3）严禁玩忽职守、违章指挥和违章作业。

（4）严禁偷窃煤矿物资、财产；不得擅自动用煤矿设备、物资、财产为私人和外单位服务；不得损坏设备工具、浪费原材料和能源。

（5）在禁止烟火的劳动区域和场所，严禁携带火种和吸烟。

（6）不准在班前、班中饮酒。

（7）不准在班中嬉戏打闹和打架斗殴、无理取闹、聚众赌博、聚众闹事，禁止在班中睡觉。

（8）不得在工作时间擅自离岗或干私活。

二、加强对"三违"人员的管理

1．建立健全班组工人"三违"档案

（1）建立健全"三违"档案，为跟踪帮教提供依据

多年的实践证明，建立员工"三违"档案能够为排查薄弱人员、薄弱环节和事故隐患，实行跟踪教育和跟踪监督检查提供依据。

（2）开发"三违"档案，为跟踪帮教提供重点

从"三违"的时间找出容易发生"三违"的时段，以便在该时段内加强监督检查。

从"三违"的类型找出容易发生"三违"的工序，以便在该工序时做到超前预防。

从"三违"的地点找出容易发生"三违"的部位，以便把该部位作为现场管理的重点。

从"三违"的人员找出容易发生"三违"的人群，以便在该人群中重点进行帮教，达到防患于未然的目的。

（3）利用"三违"档案资料，开展多种形式的安全教育

1）建立井口宣传长廊，将"三违"资料做成多媒体教材，进行形象化教育。

2）举办"三违"人员补课班，进行安全技术知识再教育。违章者上安全警台进行现身说法，落实全员教育。

3）举办安全展览，进行回顾反思教育。

4）发挥家属委员会协管作用和小学生红领巾亲情作用，实施跟踪帮教。

5）对杜绝"三违"人员进行表彰的正面教育。

2. 严格运用经济手段对"三违"进行管理

（1）班组员工要签订杜绝"三违"责任状，以契约形式赋予各级安全生产责任者以相应的责、权、利。

（2）把风险机制引入班组"三违"管理。实行安全风险抵押金制度，使班组员工人人承担安全风险。违章后按规定交纳一定的安全风险抵押金，在三个月内没有发生"三违"行为，返还安全风险抵押金；如再出现"三违"行为，没收所交安全风险抵押金。

（3）把岗位操作标准和安全质量标准落实到生产现场。从规范员工的安全行为入手，从必知、必会、必禁，到应该干到什么程度，应该承担什么责任，都要对每个员工提出明确的规定和要求，使员工在井下生产过程中，做到有标准、有要求、有规范、有考核、有奖惩。

（4）班组的"三违"情况与班组长经济效益挂钩。月度内本班组无"三违"行为，给予班组长嘉奖，若出现"三违"行为，视具体情况给予班组长罚款。

三、对"三违"行为进行处理

为了维护规章制度的严肃性，保证煤矿生产建设的正常进行，对"三违"的行为必须进行相应的处理。

1. 给予批评教育

对于具有轻微"三违"的行为，尚未造成严重后果的人员，应进行适当的批评教育，指出其所犯错误的性质及可能产生的后果，令其及时认识到自己行为的错误，自觉改正错误。批评教育的形式可以采用个别谈话、在一定范围的会议上进行指名或不指名的批评、令其在一定范围内进行口头或书面检讨等。

2. 给予行政处分或经济处罚

职工"三违"行为违反了法律、法规或矿纪矿规的有关规定，造成了一定影响或不良后果，但尚不够刑事处分的，按照有关法律法规或内部规章制度的规定，由单位给予行政处分或适当的经济处罚。其目的是让"三违"的行为人认识到自己行为的性质和后果，从中吸取教训，改正错误，以免再犯。行政处分或经济处罚的具体形式有：警告、罚款或扣发工资奖金、记过、记大过、降级、降职、留用察看和开除等。

（1）职工各种假期（包括协议保留劳动关系及外出学习等）期满，未按期回单位销假并上班者，按旷工处理。职工擅自安排雇请他人顶岗，一经发现按旷工处理，并追究当事人责任。

（2）无正当理由不服从组织安排，可根据情节轻重，给予通报直至留用察看处分。职工消极怠工、擅离职守，经批评教育不改的，可以给予通报直至解除劳动合同处分。

（3）违反安全操作规程、违章指挥，造成事故或经济损失的，根据情节轻重，给予通报直至留用察看处分；情节特别严重的，解除劳动合同。

（4）工作不负责任、损坏设备和工具、浪费原材料和能源，造成经济损失的，视情节轻重，给予通报直至待岗培训处分；情节特别严重的，解除劳动合同。

（5）擅自动用煤矿的设备、物资和财产为私人和外单位服务的，一经发现，除责令赔偿损失外，给予当事人通报直至待岗培训处分；情节特别严重的，解除劳动合同。

（6）偷窃煤矿物资和财产，经查证属实，情节较轻的，给予通报直至留用察看处分；情节特别严重的，解除劳动合同。

（7）在严禁吸烟的劳动区域内吸烟、在班前班中饮酒，每发现一次，扣罚本人当月绩效工资的20%，并给予通报直至待岗培训等处分。

（8）工作期间擅自离岗干私活，根据情节扣罚当事人当月绩效工资的10%~50%；工作时间内打架斗殴，扣罚当事人当月全部绩效工资，给予通报直至解除劳动合同的处分。

（9）给予警告处分的期限不得少于3个月；记过处分的期限不得少于6个月；记大过处分的期限不得少于12个月，记过、记大过处分期间，停发绩效工资。

（10）给予待岗培训处分的期限为6个月，待岗培训期间，停发绩效工资，岗位工资按照原所在岗位低一岗次的岗位工资发放。

3. 给予刑事处罚

刑事处罚是对具有刑事责任能力的人实施了刑事法律规范所禁止的行为，"三违"的行为造成严重后果、触犯刑法、构成犯罪而给予的法律制裁。煤炭企业职工严重违反法律法规或规章制度，造成严重后果，如生产作业中违章指挥或违章作业，导致严重事故发生，造成重大伤亡或严重后果的，即触犯刑法、构成犯罪，就要按照我国刑事法律的规定，由司法机关给予刑事处罚。刑事处罚的形式包括管制、拘役、有期徒刑、无期徒刑、死刑五种主刑和罚金、剥夺政治权利、没收财产三种附加刑。

复习思考题

1. 搞好安全生产管理为什么是实现煤矿安全生产的必要途径？
2. 煤矿新工人应具备哪些基本知识？
3. 对新工人的安全教育培训分为哪几级？
4. 为什么要建立入井检身和出入井人员清点制度？
5. 煤矿企业班组安全建设的总要求是什么？
6. 班组工人安全岗位责任制包含哪些内容？
7. "三违"指的是什么？
8. 简述劳动纪律的主要内容。
9. 对"三违"行为有哪些处理办法？

第三章　井工煤矿安全开采

因为煤层埋藏在地下，要采煤首先要开掘一系列井巷工程进入地下煤层，这类煤矿称为井工煤矿。井工煤矿是地下作业，由于作业空间的限制、作业地点的移动、作业环境的威胁，必须进行安全开采。

第一节　煤层赋存状态

一、煤层产状

1. 煤层结构

根据煤层中有无夹石层，可把煤层分为简单结构和复杂结构两种。简单结构煤层不含夹石层；复杂结构煤层含夹石层。夹石层有的为一层，有的有多层，而且夹石层厚度也不一样。

煤层中的夹石层给采掘带来很多困难，而且影响煤质，不利于提高经济效益。煤层结构如图 3—1 所示。

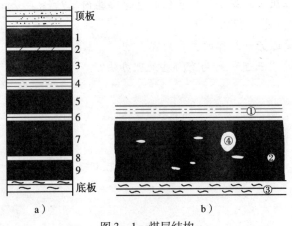

图 3—1　煤层结构

a）复杂结构　b）简单结构

2. 煤层厚度

煤层厚度是指煤层顶底板之间的垂直距离。根据采煤方法的需要，将煤层厚度分为三类。

(1) 薄煤层。煤层厚度 < 1.3 米。

(2) 中厚煤层。煤层厚度为 1.3 ~ 3.5 米。

(3) 厚煤层。煤层厚度 > 3.5 米。

在生产工作中，习惯将厚度在 6 米以上的煤层称为特厚煤层。

薄煤层不利于开采，厚煤层，特别是特厚煤层，采用放顶煤方法可以获得较佳的经济效益。

3. 煤层形成状态

(1) 走向。假想一水平面与煤层层面相交的交线称为走向线，则走向线延伸的方向称为走向。

(2) 倾向。煤层层面上与走向线垂直向下延伸的直线称为倾斜线，倾斜线的水平投影叫倾向线，倾向线所指的方向称为倾向。

(3) 倾角。煤层层面与水平面之间所夹的最大锐角，称为倾角。

煤层形成状态如图 3—2 所示。

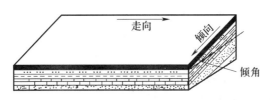

图 3—2　煤层形成状态

4. 煤层倾角

煤层倾角是指煤层倾斜面相对水平面的夹角。根据煤层倾角大小可将煤层分为四类。

(1) 近水平煤层。煤层倾角 < 8°。

(2) 缓倾斜煤层。煤层倾角为 8° ~ 25°。

(3) 倾斜煤层。煤层倾角为 25° ~ 45°。

(4) 急倾斜煤层。煤层倾角 > 45°。

倾角越大，煤层开采难度越大。

5. 煤层顶底板

位于煤层上面的岩层称为顶板，煤层下面的岩层称为底板。煤层顶板自下而上分为伪顶、直接顶和基本顶；煤层底板自上而下分为直接底和基本底。煤层顶底板分布结构如图3—3所示。

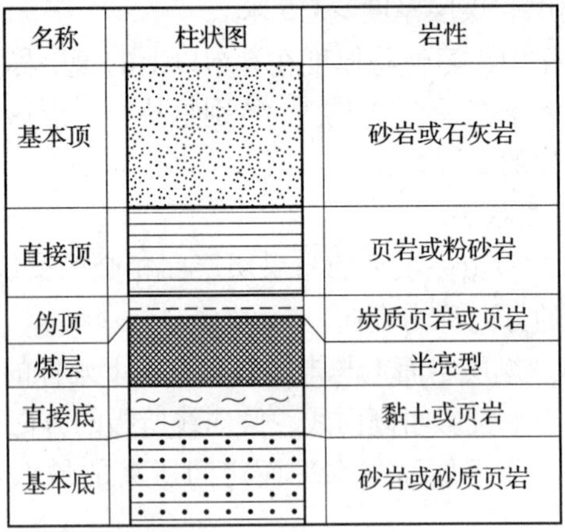

名称	柱状图	岩性
基本顶		砂岩或石灰岩
直接顶		页岩或粉砂岩
伪顶		炭质页岩或页岩
煤层		半亮型
直接底		黏土或页岩
基本底		砂岩或砂质页岩

图3—3　煤层顶底板分布结构

煤层顶底板岩性及赋存条件与顶板安全管理关系十分密切。顶板破碎容易冒顶；顶板过于坚硬，放顶时不易冒落，采煤工作面形成很大压力，常常将工作面摧垮，使附近巷道塌冒，甚至造成矿毁人亡。对这些特殊的顶板必须采取有效的技术措施，确保顶板安全。

二、煤层地质构造

煤层形成以后，由于受到地壳运动作用力的结果，使其形态发生变化，形成多种多样的地质构造。煤层地质构造主要有以下几类。

1. 单斜构造

单斜构造指的是在一定范围内，煤层大致向同一方向倾斜。煤层倾斜的方向称为倾向；煤层倾斜面与水平面的交线方向称为走向。

2. 褶皱构造

褶皱构造指的是煤层因受到地壳运动的作用力，被挤成弯弯曲曲的状态，但仍保持连续完整性。其中每一个弯曲部分称为褶曲构造，褶曲又可分为背斜和向斜。背斜指的是煤层向上凸起的褶曲，向斜指的是煤层向下凹的褶曲。煤层褶皱构造如图3—4所示。

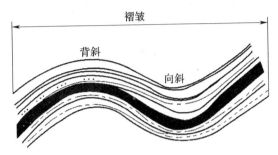

图3—4　煤层褶皱构造

3. 断裂构造

断裂构造指的是煤层因受地壳运动的作用力而遭到断裂，失去了原来的连续完整性。断裂构造又可分为裂隙和断层。裂隙指的是断裂面两侧的煤层没有发生显著的错动；断层指的是断裂面两侧的煤层已经发生了显著的错动。

断层根据断裂面两侧煤层错动的方向分为三种类型。

（1）正断层。上盘相对下降，下盘相对上升。

（2）逆断层。上盘相对上升，下盘相对下降。

（3）平移断层。两侧煤层沿断层面做水平移动。

断层对采掘生产和安全影响极大。矿界和防隔水煤柱常以断层为界，采掘工作面常因断层发生冒顶事故。煤层断层类型如图3—5所示。

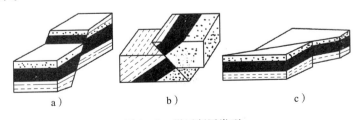

a）　　　　　　b）　　　　　　c）

图3—5　煤层断层类型

a）正断层　b）逆断层　c）平推断层

4. 陷落柱

在煤层底板的奥陶纪石灰岩中，由于酸性水的作用形成许多溶洞，而且随酸性水的不断补给，溶洞会不断增大。最后导致其上部岩层的整体陷落，形成一个下部大、上部小的破碎柱体，通常称为陷落柱。

矿井范围内的陷落柱直径从几米至几百米不等，其中陷落的岩层杂乱无章、极其破碎。而且其中大都存有水，有的还与强含水层相连接，对煤矿安全生产造成很大的威胁。煤层陷落柱如图 3—6 所示。

图 3—6　煤层陷落柱

第二节　井工煤矿开拓

一、井工煤矿开拓方式

煤层在地下埋藏，人们要采出煤炭，必须开掘巷道进入煤层，这些巷道的布置形式就是井工煤矿的开拓方式。

以井筒形式为主要依据，可将井工煤矿开拓方式划分为以下五种。

1. 平硐开拓

平硐开拓指的是利用水平巷道由地面进入井下的开拓方式。在山岭、丘陵地带的煤层，适合采用平硐开拓方式。当平硐以上的可采储量较大，又能合理地选择工业广场位置时，采用平硐开拓系统简单、运输环节少、建井速度快、投资费用低。平硐开拓方式如图3—7所示。

图3—7　平硐开拓方式

2. 斜井开拓

斜井开拓指的是利用倾斜巷道由地面进入井下的开拓方式。斜井开拓可分为集中斜井（阶段斜井）和片盘斜井两种类型。采用斜井开拓井巷掘进技术较简单、掘进速度较快、初期投资较少、建井期较短，是我国矿井当覆盖在煤层露头上冲积层不太厚、煤层埋藏不深时广泛采用的一种开拓方式。随着强力带式输送机的应用，其适用范围逐步扩大。其缺点是：围岩不稳固时，井巷维修费用较高；采用绞车提升时，提升能力较低、转载环节较多、事故较多；井巷长度大时，井巷内的管路、电缆、通风风路都较长；当表土层为富含水层时，施工技术较为复杂。斜井开拓方式如图3—8所示。

图3—8　斜井开拓方式

3. 立井开拓

立井开拓指的是利用垂直巷道由地面进入井下的方式，立井又称竖井。一般用这种方式同时开凿两个立井作为主、副井，主井提煤，副井提升人员、矸石、材料；此外，还要设一个井筒作为矿井回风井，兼作安全出口。立井开拓方式如图3—9所示。

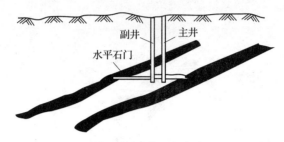

图3—9　立井开拓方式

　　立井开拓要求井筒施工技术较高，基本建设投资较大，掘进速度较慢，井筒装备较复杂。但是，立井对地质条件的适应性强，井筒较短，管路、电缆、通风风路都较短；提升速度快、提升能力大。当煤层埋藏较深、表土层厚或水文地质条件较复杂时，可以采用立井开拓。所以，立井开拓的应用范围十分广泛。

　　4. 综合开拓

　　一般情况下，一个矿井的主、副井都是同一种井筒形式。由于自然条件的变化而出现技术上的困难或经济效益不合理时，主、副井可以采用不同的井筒形式，称为综合开拓。综合开拓根据不同的地质条件和生产技术条件而定，主要有三种方式，即立井—斜井、平硐—立井和平硐—斜井。特殊条件下可以同时采用立井—斜井—平硐的综合开拓方式。综合开拓方式如图3—10所示。

　　5. 联合矿井开拓

　　联合矿井在井下有不同的井硐组合方式，但在地面共用一套工业广场。

　　经过近50多年的发展，联合矿井开拓有了很大的发展，具有各矿区因地制宜地采用的片盘斜井群联合开拓、山区地形复杂致使工业广场位置选择非常困难的联合开拓、分煤层（组）建井的联合

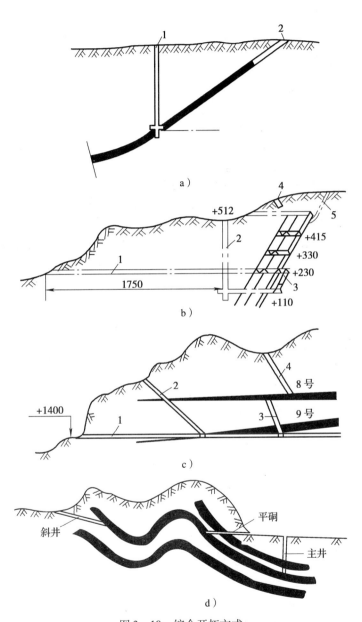

图3—10　综合开拓方式

a）立井—斜井　b）平硐—立井　c）平硐—斜井　d）立井—斜井—平硐

开拓、深浅部分别建井的联合开拓、因煤种分采分运或因瓦斯治理需要的联合开拓、相邻矿井合并共用工业广场的联合开拓等多种形式。

二、井工煤矿的主要生产系统

以图3—11为例，介绍矿井主要生产系统。

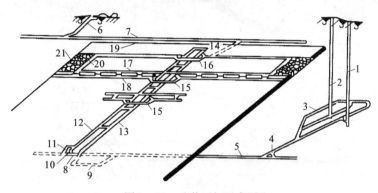

图3—11　矿井开拓示意图

1—主井　2—副井　3—井底车场　4—主石门　5—水平运输大巷　6—矿井回风井
7—总回风巷　8—采区下部装车站　9—采区下部材料车场　10—采区煤仓
11—人行进风斜巷　12—采区进风（运输）上山　13—采区回风（轨道）上山
14—上山绞车房　15—采区中部车场　16—采区上部车场
17—采煤工作面进风（运输）平巷　18—联络巷　19—采煤工作面回风平巷
20—采煤工作面　21—采空区

1. 矿井通风系统

矿井必须有完整的独立通风系统。空气流经顺序为：地面新鲜空气→副井→井底车场→主石门→水平运输大巷→采区运输石门→采区进风上山→采煤工作面进风平巷→采煤工作面→采煤工作面回风平巷→采区回风（轨道）上山→采区回风石门→总回风巷→矿井回风井→地面。

2. 矿井提升运输系统

（1）人员。人员由副井乘罐笼下井，乘坐大巷人车至采区车场，然后步行到作业地点。上井顺序则与之相反。

（2）煤炭。顺序为：采煤工作面煤炭→采煤工作面刮板输送机→

采煤工作面运输平巷转载机、带式输送机或刮板输送机→采区运输上山带式输送机→采区煤仓→装入煤仓下口矿车内→水平运输大巷电机车牵引列车→井底煤仓→主井箕斗→地面煤仓。

（3）设备、材料。顺序为：地面设备材料库装车→副井罐笼→井底车场→水平运输大巷电机车牵引列车→采区下部材料车场绞车→采区轨道上山绞车→采区料场小绞车或人力推车→采掘工作面等使用地点。从井下回收的材料、设备运输方向则与之相反。

（4）矸石。顺序为：掘进工作面矸石→掘进工作面装岩机或人力装车→采区石门蓄电池机车牵引列车→采区轨道上山绞车→采区车场绞车→水平运输大巷电机车牵引列车→副井罐笼→地面矸石山。

3. 矿井供电系统

由于煤炭企业的特殊性，要求矿井的供电系统绝对可靠、不能出现随意断电事故。为此，要求矿井供电系统必须有双回路电源。除一般供电系统外，矿井还必须对一些特殊用电地点实行双回路供电或专线供电，如主要通风机、主要排水泵、掘进工作面局部通风机、井下变配电硐室等。

4. 防排水系统

矿井防排水系统工作流程为：采煤工作面涌水→采煤工作面运输平巷→采区轨道上山→水平主要运输大巷→井底车场→主要水仓→主排水泵房→副井→地面。对于下山采区，一般在下部设置采区水仓，安装水泵，通过管路往上排至水平运输大巷的水沟中。

5. 煤矿安全避险"六大系统"

煤矿安全避险"六大系统"指的是安全监测监控系统、井下人员定位系统、紧急避险系统、压风自救系统、供水施救系统和通信联络系统。安全避险"六大系统"建设是提高煤矿应急救援能力和灾害处置能力、保障矿井人员生命安全的重要手段，是全面提升煤矿安全保障能力的技术保障体系。

（1）煤矿安全监测监控系统

煤矿安全监测监控系统用来监测甲烷浓度、一氧化碳浓度、二氧化碳浓度、氧气浓度、风速、风压、温度、烟雾、馈电状态、风门状态、风筒状态、局部通风机开停、主通风机开停等，并实现甲烷超限声光报警、断电和甲烷风电闭锁控制等。

（2）井下人员定位系统

人员定位系统的作用是为地面调度控制中心提供准确、实时的井下作业人员身份信息、工作位置、工作轨迹等相关管理数据，实现对井下作业人员的可视化管理，提高煤矿开采生产管理的水平。矿井灾变后，通过系统查询，可得到被困作业人员构成、人员数量、事故发生时所处位置等信息，确保抢险救灾和安全救护工作的高效运作。

（3）煤矿井下紧急避险系统

煤矿井下紧急避险系统是指在煤矿井下发生紧急情况时，为遇险人员安全避险提供生命保障的设施、设备、措施组成的有机整体。紧急避险系统建设的内容包括为入井人员提供自救器、建设井下紧急避险设施、合理设置避灾路线、科学制定应急预案等。

所有井工煤矿应按照规定要求建设完善的煤矿井下紧急避险系统，并符合"系统可靠、设施完善、管理到位、运转有效"的要求。

（4）矿井压风自救系统

矿井压风自救系统的建设要注意以下几点：

1）建设完善压风自救系统，所有采掘作业地点在灾变期间能够提供压风供气。

2）空气压缩机应设置在地面；深部多水平开采的矿井，空气压缩机安装在地面难以保证对井下作业点有效供风时，可在其供风水平以上两个水平的进风井井底车场中安全可靠的位置安装。

3）井下压风管路要采取保护措施，防止灾变破坏。

4）突出矿井的采掘工作面要按照要求设置压风自救装置。其他矿井掘进工作面要安设压风管路，并设置供气阀门。

（5）矿井供水施救系统

矿井供水施救系统的建设要注意以下两点：

1）建设完善的防尘供水系统，并设置三通及阀门；在所有采掘工作面和其他人员较集中的地点设置供水阀门，保证各采掘作业地点在灾变期间能够提供应急供水。

2）要加强供水管路维护，不得出现跑、冒、滴、漏现象，保证阀门开关灵活。

（6）矿井通信联络系统

进一步建设完善通信联络系统，在灾变期间能够及时通知人员撤离，并可以与避险人员通话。

要积极推广使用井下无线通信系统、井下广播系统。发生险情时，要及时通知井下人员撤离。

第三节　井下安全设施

井下安全设施是指装置在井下巷道、硐室等处的专门用于安全生产的设施。其作用是防止事故的发生或者缩小事故范围，减轻事故的危害。每个新工人都必须自觉爱护和维护安全设施，不得随意触摸、移动，甚至损坏。

一、防瓦斯安全设施

防瓦斯安全设施主要有瓦斯监测和自动报警断电装置等，其作用是监测周围环境空气中的瓦斯浓度。当瓦斯浓度超过规定的安全值时，会自动发出报警信号；当浓度达到危险值时，会自动切断被测范围的电力电源，以防止瓦斯爆炸事故的发生。

瓦斯监测和自动报警断电装置主要安设在掘进煤巷和其他容易产生瓦斯积聚的地方。

二、通风安全设施

通风安全设施主要有局部通风机、风筒及风门、风窗、风墙、风障、风桥和栅栏等。其作用是控制和调节井下风流和风量，供给各工作地点所需要的新鲜空气，调节温度湿度，稀释空气中有毒、有害气体的浓度。局部通风机、风筒主要安设在掘进工作面及其他需要通风的硐室、巷道；栅栏安设在无风、禁止人员进入的地点；

其他通风安全设施安设在需要控制和调节通风的相应地点。

三、防灭火安全设施

防灭火安全设施主要有灭火器、灭火沙箱、铁锹、水桶、消防水管、防火铁门和防火墙。其作用是扑灭初起火灾和控制火势蔓延。

防灭火安全设施主要安设在机电硐室及机电设备较集中的地点。防火铁门主要安设在机电硐室的出入口和矿井进风井的下井口附近；防火墙构筑在需要密封的火区巷道中。

四、防隔爆设施

防隔爆设施主要有防爆门、隔爆水袋、水槽、岩粉棚和防爆墙等。其作用是隔阻爆炸冲击波、高温火烟的蔓延扩大，降低因爆炸带来的危害。

隔爆水袋、水槽、岩粉棚主要安设在矿井有关巷道和采掘工作面的进回风巷中；防爆铁门安设在机电硐室的出入口；井下爆炸器材库的两个出口必须安设能自动关闭的抗冲击波活门和抗冲击波防爆墙。

五、防尘安全设施

防尘安全设施主要有喷雾洒水装置及系统。其作用是降低空气中粉尘浓度，防止煤尘发生爆炸和影响作业人员的身体健康，保持良好的作业环境。

防尘安全设施主要安设在采掘工作面的回风巷道和其他矿井有关巷道以及转载点、放煤仓口和装煤（矸）点等处。

六、防隔水安全设施

防隔水安全设施主要有水沟、排水管道、防水闸门和防水墙等。其作用是防止矿井突然出水造成水害和控制水害的影响范围。

水沟和排水管道设置在巷道一侧，且具有一定坡度，能实现自动排水，若往上排水则需加设排水泵；其他设施安设在受水患威胁的地点。

七、提升运输安全设施

提升运输安全设施主要有罐门、罐帘、各种信号灯、电铃、阻挡车器。其作用是保证提升运输过程的安全。

1. 罐门、罐帘。主要安设在提升人员的罐笼口，防止人员误乘罐、随意乘罐。

2. 各种信号灯、电铃、笛子、语言信号、口哨、手势等。主要安设和使用在提升运输过程中，用以指挥调度车辆运行或者表示提升运输设备的工作状态。

3. 阻挡车器。主要安装在井筒进口和倾斜巷道，防止车辆自动滑向井筒和防止倾斜巷道发生跑车或避免跑车后造成更大的损失。

八、电气安全设施

供电系统及各电气设备上装设漏电继电器和接地装置，其目的是防止发生各种电气故障，造成人身触电等事故。

九、躲避硐室

躲避硐室主要有以下三种。

1. 躲避硐。水平和倾斜巷道中为防止车辆运输剐人、跑车撞人事故而设置的躲避硐。

2. 避难硐室。避难硐室是事先构筑在井底车场附近或采掘工作面附近的一种安全设施，其作用是当井下发生灾害事故时，灾区人员无法撤退而暂时躲避待救的地点。

3. 压风自救硐室。当发生瓦斯突出事故时，灾区人员进入压风自救硐室避灾自救，等待救援。通常设置在煤与瓦斯突出矿井采掘工作面的进回风巷、有人工作的场所和人员流动的巷道中。

第四节　矿井通风常识

一、矿井通风的作用和基本任务

1. 矿内空气

（1）矿内空气的主要成分

矿内空气来源于地面空气。地面空气的主要成分由氧、氮、二氧化碳组成。它们按体积百分比计，氧为 20.96%、氮为 79%、二氧化碳为 0.04%。

地面空气进入井下后，在气体种类和成分上都发生了一系列物理、化学性质的变化。例如，氧气成分减少，二氧化碳和其他有害气体增加。化学成分变化不大的空气叫新风，如从井筒、井底车场到采掘工作面进风口等处的空气；化学成分变化较大的空气叫乏风，如从采掘工作面到矿井回风井口等处的空气。

1）氧气（O_2）。氧气是无色、无味、无臭的气体，相对密度为 1.11。氧的化学性质活泼，能与大多数元素化合。氧能助燃和供人、动植物呼吸。人体维持正常的生命过程需要氧，如果空气中氧含量降低，就会影响人的身体健康，甚至造成死亡。采掘工作面的进风流中，氧气浓度不得低于 20%。

2）氮气（N_2）。氮气是无色、无味、无臭的惰性气体。不助燃，也不参与呼吸中的反应。

3）二氧化碳（CO_2）。二氧化碳是无色、略带酸味的气体。易溶于水，不助燃，也不参与呼吸中的反应。二氧化碳对人体影响较大，当其在空气中增大 10%~20% 时，人体呼吸将处于停顿并失去知觉。采掘工作面的进风流中，二氧化碳浓度不能超过 0.5%。矿井总回风巷或一翼回风巷中二氧化碳浓度超过 0.75% 时，必须立即查明原因，进行处理。

（2）矿井空气中的主要有害气体

1）一氧化碳（CO）。一氧化碳是无色、无味、无臭的气体，相对密度为 0.97。一氧化碳被吸入人体后，会阻碍氧和血色素的结合，使人体各部分组织和细胞产生缺氧，引起中毒、窒息，以至死亡。矿井空气中一氧化碳的最高允许浓度为 0.002 4%。

【案例】2013 年 1 月 29 日 10 时 33 分，黑龙江省牡丹江市东宁县永盛煤矿发生一起一氧化碳中毒事故，造成 12 人死亡（其中，煤矿企业施救人员死亡 9 人），8 人受伤，直接经济损失达 1 149 万元。

事故直接原因：原报废矿井火区（一良煤矿）一氧化碳通过裂隙渗入永盛煤矿 8# 下煤层左二平巷第四片盘；由于矿井停风，造成井下一氧化碳积聚，作业人员进入左二平巷排水，导致一氧化碳中毒事故发生。

2）硫化氢（H_2S）。硫化氢是无色、微甜、有臭鸡蛋味的气体，相对密度为1.19，有强烈的毒性。硫化氢能使人体血液中毒，当其在空气中的浓度上升到0.1%时，在极短时间内人就会死亡。井下空气中硫化氢的最高允许浓度为0.000 66%。

3）二氧化硫（SO_2）。二氧化硫是一种无色、具有强烈硫黄味的气体，易溶于水，相对密度为2.22。二氧化硫对人体影响较大，其在空气中的浓度达到0.005%时，能引起急性支气管炎和肺水肿，并在短时间内致人死亡。井下空气中二氧化硫最高允许浓度为0.000 5%。

（3）矿井空气温度

矿井空气温度对人体健康和劳动生产率的提高有着重要影响。最适宜的井下空气温度是15~20℃。生产矿井采掘工作面的空气温度不得超过26℃；机电设备硐室的空气温度不得超过30℃。

2. 矿井通风的作用和基本任务

（1）矿井通风的作用

煤矿井下开采存在着瓦斯及其他有害气体、煤尘、煤炭自燃等严重威胁，在瓦斯爆炸事故中，由于通风系统不可靠、局部通风机循环风引起的事故高达93.1%，是瓦斯事故的首要元凶。搞好矿井通风工作，是煤矿安全工作的重中之重，也是杜绝重大灾害事故，实现煤矿安全状况根本好转的关键。

（2）矿井通风的基本任务

矿井通风既是煤矿生产的一个重要环节，也是矿井安全重要的基础工作。为了供给井下人员呼吸所需要的氧气，稀释和排除井下各种有害气体和粉尘，调节井下气候条件，创造良好的煤矿生产作业环境，对瓦斯、煤尘和火灾实施切实可行的防治措施，提高矿井的抗灾救灾能力，必须对矿井进行通风工作。

【案例】2014年4月21日0时23分，云南省曲靖市富源县后所镇红土田煤矿非法越界组织生产，121701炮采工作面采用非正规采煤方法，采用局部通风机供风进行采煤，违规串联通风、循环风，工作面微风作业，造成瓦斯积聚并达到爆炸浓度界限，违章放炮产生火焰引起一起重大瓦斯爆炸事故，造成 14 人死亡，直接经济损失达 1 498 万元。

二、矿井通风方式

按照矿井进、回风井的布置形式，矿井通风方式可分为以下三种基本类型。

1. 中央式

中央式指的是进风井与回风井大致位于井田走向中央。根据回风井位于沿煤层倾斜方向的不同位置，又分为中央并列式和中央分列式两种。

2. 对角式

对角式指的是进风井位于井田中央，回风井分别位于井田浅部沿走向的两翼。根据回风井位于井田浅部沿走向的不同位置，又分为两翼对角式和分区对角式两种。

3. 混合式

混合式是中央式和对角式的混合布置，它至少应由三个以上的井筒组成。例如，中央并列与两翼对角的混合式、中央分列与两翼对角混合式和中央并列与中央分列混合式等。混合式是大型矿井或老矿井进行深部开采时常用的一种通风方式。

三、采掘工作面通风方式

1. 采煤工作面通风方式

目前采煤工作面通风主要采用 U 形、Z 形、Y 形、W 形、U＋L 形和双 U 形等方式。

U 形通风方式系统简单、巷道施工量和维修量小。但是，在工作面的上隅角附近容易积聚瓦斯。U 形通风方式如图 3—12 所示。

U＋L 形通风方式是在 U 形通风方式的基础上演变而来。在工作面采空区或回风平巷的外侧增加一条平巷，作为专门排放瓦斯之用，俗称"尾巷"，形成一进二回的形式。这种通风方式的优点是：两条回风平巷的风量可以通过调阻加以控制，以控制采空区涌向工作面的瓦斯量，使上隅角不致瓦斯超限。缺点是：增加一条尾巷的施工量，巷道维修量大。目前，我国煤矿采煤工作面瓦斯涌出量很大，特别是高产放顶煤综采工作面，往往在抽放瓦斯和加大风量后仍不符合规定要求时，常采用 U + L 形通风系统。U + L 形通风方式如图 3—13 所示。

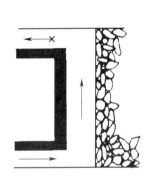 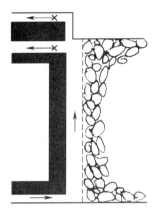

图 3—12　U 形通风方式　　　图 3—13　U + L 形通风方式

2. 掘进工作面通风方式

掘进工作面通风按照局部通风机工作方式的不同，分为压入式、抽出式和混合式三种。目前，煤矿掘进工作面主要采用压入式通风方式。掘进工作面的通风方式如图 3—14 所示。

压入式通风指的是，利用局部通风机和风筒将新鲜空气压入掘进工作面，而乏风经巷道排出。压入式通风容易排出工作面乏风和粉尘，通风效果好。同时，局部通风机安设在新鲜风流中，安全性能较好。但是在掘进工作面爆破时，炮烟排出速度慢、时间长。

煤巷、半煤岩巷和有瓦斯涌出的岩巷的掘进，应采用压入式通风方式，不得采用抽出式通风方式。喷出区域或煤（岩）与瓦斯（二氧化碳）突出煤层的掘进通风严禁采用抽出式通风方式。

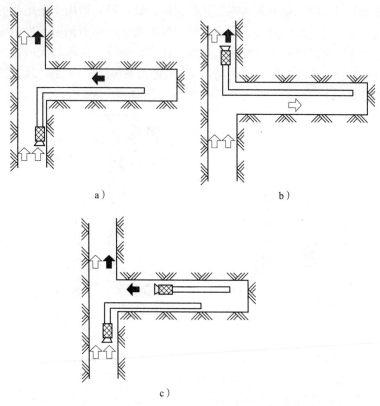

a) b)

c)

图 3—14　掘进工作面通风方式
a) 压入式　b) 抽出式　c) 混合式

3. 局部通风机安装使用

（1）压入式局部通风机和启动装置必须安装在进风巷道中，距掘进巷道回风口不得小于 10 米。

（2）全风压供给该处的风量必须大于局部通风机的吸入风量。

（3）局部通风机离地高度应大于0.3米。

（4）局部通风机的设备要齐全，吸风口有风罩和整流器，高压部位有衬垫。

（5）风筒出口风量保证工作面和回风流瓦斯浓度不超限，巷道中的风流、风速符合规定。

（6）严禁使用3台以上（含3台）局部通风机同时向1个掘进工作面供风；不得使用1台局部通风机同时向2个作业的掘进工作面供风。

（7）高瓦斯矿井、煤（岩）与瓦斯（二氧化碳）突出矿井、低瓦斯矿井中高瓦斯区的煤巷、半煤岩基和有瓦斯涌出的岩巷掘进工作面必须配备安装备用局部通风机。

第五节　入井作业前应注意的安全事项

一、入井前的准备工作

1. 入井前一定要注意吃饱、睡足、休息好；不赌博，不打架，做到心情愉快，保持精力旺盛。

2. 入井前严禁喝酒。

3. 认真接受入井检身，不带香烟、打火机和火柴下井。

4. 入井前要把携带的锋利工具套上防护套，以免碰伤自己和他人。

5. 按时参加班前会。班前会主要布置当班的生产工作任务，告之作业现场存在的安全隐患和本班应注意的安全事项。在班前会的最后，每一个下井作业的工人都要经过安全确认，背诵安全理念，进行安全宣誓。

6. 认真进行入井人员考勤，以便准确掌握出入井人员的情况。

二、入井乘罐的安全注意事项

1. 乘罐上下井必须遵守有关规定，服从井口安全管理人员和把钩工的指挥，排队按顺序乘罐上下，不能拥挤和打闹。

2. 进入罐笼后要关好罐笼门或帘。身体任何一个部位和所携带工具不准露在罐笼外面，应握紧扶手。在罐笼内禁止打闹斗殴，更不准向罐笼外抛掷任何物品。

3. 罐笼里乘载的人数达到规定限额时，不得强挤抢上。如果罐笼里已装物料或矿车，罐内一律不得搭乘人员。

4. 提升爆破材料的罐笼，其他人员禁止同罐上下。

5. 严禁任何人乘坐提煤箕斗上下井。

三、井下行走的一般要求

1. 在井下行走最好两人以上结伴同行，遇事可互相关照。

2. 挂有"禁止入内"或危险警告标志的地方，禁止进入。因为里面可能积聚有毒有害气体或顶板破碎冒顶，易对人员造成危害。

3. 不是自己责任范围的设施、设备，不要随便触摸、开启或关闭。要爱护灭火器和安全标志。

4. 在井下休息时，应选择顶板完整、支架完好、不影响行车和通风良好的地点，应尽量躲开巷道交叉处，不能在密闭墙附近或钻入栅栏区内休息。禁止在井下睡觉。

5. 井下行走时，不得互相嬉戏打闹，要集中精神，眼观六路、耳听八方，以便及时发现安全隐患并采取措施。

四、在运输大巷行走的安全注意事项

1. 一定要走大巷的一侧人行道，严禁在轨道中间行走；走在水沟盖板上面，要注意其是否安全稳固。若巷道无人行道，必须预先与信号把钩工联系好，经同意后，方能行走。

2. 不能随意横越轨道，若因生产工作需要横越时，必须确认（眼观、耳听）无运行车辆到来后再横越。

3. 在巷道的人行道上行走时，发现有运行车辆通过，人员应站在人行道紧靠巷帮侧，不要行走。如果人行道宽度不够，应迅速就近进入躲避硐室或在够宽的地点暂避，等车辆通过后再行走，或者向司机发出停车信号，待行人躲避后再行车。

4. 行走在接近巷道拐弯处和岔道口，要停步瞭望或侧耳细听有无运行车辆接近的信号，确认没有时，方可继续前进。

5. 要横过绞车道或无极绳道时，必须等牵引钢丝绳停止运行后，才能横跨。不准骑跨或脚踩钢丝绳行走。

6. 在有架线巷道中上下车和行走时，严禁身体任何部位或携带的金属工具触及架线，以免发生触电事故。

五、在通风巷道行走的安全注意事项

1. 在通风巷道行走时，要走在巷道断面中部。在通过有积水的巷道时，尽量两脚踩在轨道上。注意底板的煤（矸）堆或石块，谨防绊倒。同时，避开顶板支架、管道、缆线，以免碰伤头部。

2. 在有风门的巷道中行走时，要过一道风门关一道风门，不能两道风门同时敞开，开一道风门也不能敞开时间过长。同时，过风门时要严防对面来人开门撞伤自己，或者自己开门时撞伤对面来人和关门时碰伤后面来人。

六、在绞车斜巷行走的安全注意事项

1. 在绞车斜巷行走时，要遵守"行人不行车、行车不行人"的规定，红灯亮时，行人立即就近进入躲避硐；红灯灭、绿灯亮时，方可继续行走。

2. 任何人不准从斜巷井底穿过，必须从专门设置的绕道通行。

七、在输送机巷道行走的安全注意事项

1. 严禁任何人乘坐输送机或在输送带上面行走。

2. 不得从输送机机头处横过。横过输送机机尾处要踩稳机尾盖板。

3. 横过带式输送机时，必须走"过人天桥"，严禁从胶带下钻过或在胶带上爬越。

4. 允许乘坐的带式输送机，上下一定要敏捷，在乘坐时不得站立，双手不准扶着运行的带边，切忌打盹睡觉。

第六节　采煤掘进安全作业

一、采煤作业安全

1. 采煤工作面的生产过程

（1）破煤。把煤炭从工作面煤壁上破落下来。

（2）装煤。把破落下来的煤炭装进工作面输送机里。

（3）运煤。把装进输送机里的煤炭运出工作面。

（4）支护。对破煤后暴露出来的工作面顶板进行支护。

（5）放顶。对采空区侧的支架进行回撤，以使顶板自行垮落。全部垮落法如图 3—15 所示。

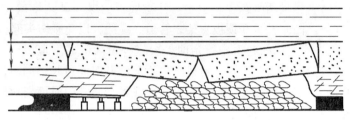

图 3—15   采空区处理——放顶（全部垮落法）

2. 采煤工作面的类型

由于使用的采煤工艺和支护设备不同，采煤工作面可分为四种类型。

（1）炮采工作面。炮采工作面就是用钻眼爆破的方法破煤、人工装煤、刮板输送机运煤、单体支柱支护和人工回柱放顶的采煤工作面。

（2）普通机械化采煤工作面（简称普采工作面）。普采工作面是用采煤机破煤和装煤、刮板输送机运煤、单体液压支柱支护和人工回柱放顶的采煤工作面。

（3）综合机械化采煤工作面（简称综采工作面）。综采工作面是用双滚筒采煤机破煤和装煤、刮板输送机运煤、自移式液压支架支护、移溜和放顶的采煤工作面。

综采工作面采煤工序为：割煤→降柱→移架→升柱→移溜，全部实现机械化作业。综采工作面安全性好、产量高、效率高、消耗低，是实现煤炭工业发展和安全生产的重要技术之一。

（4）连续采煤机工作面（简称连采工作面）。连续采煤机是装有截割臂和截割滚筒，能自行行走，具有装运功能，适用于短壁开采和长壁综采工作面采准巷道掘进，并具有掘进与采煤两种功能的设备。在房柱式采煤、回收边角煤以及长壁开采的煤巷快速掘进中得到了广泛的应用。

由于连续采煤机具有截割能力强、装运能力大、工作效率高等优点，已经成为现代煤矿机械化开采的必备设备。

3. 采煤工作面的支架形式

（1）单体液压支柱和金属铰接顶梁配套支架

1）根据单体支柱在悬臂梁上的位置可分为正悬臂和倒悬臂两种。

①正悬臂。悬臂梁的长段部分在支柱的煤壁侧，有利于支护机道上方的顶板；短段部分在支柱的采空区侧，顶梁不易被折损。

②倒悬臂。悬臂梁的长段部分在支柱的采空区侧，支柱不易被采空区塌落的矸石淤埋，但顶梁容易折损。悬臂梁形式如图3—16所示。

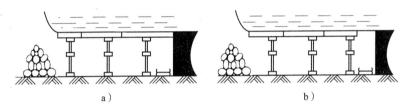

a)   b)

图3—16 悬臂梁形式

a）正悬臂 b）倒悬臂

2）根据单体支柱和悬臂梁的配合方式可分为齐梁齐柱、错梁齐柱和错梁错柱三种。

①齐梁齐柱式。其特点是悬臂梁梁端和支柱每排均成直线。

当悬臂梁长度等于截深或一茬炮进尺时，这种形式规格质量容易掌握，放顶线整齐，工序较简单，便于组织和管理。但由于截深或一茬炮进尺大，每架支架都要挂梁和打柱，所需时间较长。因此，在煤层松软、顶板稳定性差的条件下，不宜采用。

当悬臂梁长度等于截深或一茬炮进尺的两倍时，这种形式因割第一刀或放第一茬炮时挂不上梁，机道空顶距太大，顶板易冒落，加之工人的工作量前后时间不均衡，故很少使用。

②错梁齐柱式。其特点是悬臂梁梁端上下两列前后交错，但支柱每排均成直线。

使用这种形式时，割第一刀煤时，间隔挂一半短梁，打临时支柱；割第二刀煤时，间隔挂另一半长梁，回撤临时支柱，打永久支柱。可以使机道上方顶板悬露窄小；工人的工作量前后时间均衡；支柱成直线，行人、运料方便；在切顶线处支柱不易被淤埋。因此，这种方式现场采用较多。但它对切顶不利，倒悬梁易损坏。

③错梁错柱式。其特点是悬臂梁梁端上下两列前后交错，支柱成三角形排列。

错梁错柱式的优点是：每割一刀煤后均能间隔挂一半顶梁，能及时支护顶板；割每刀煤的支架工作量均衡，支架密度均匀，便于打柱与回柱放顶综合作业；每次放顶步距小，放顶较安全。其缺点是：支柱三角形排列，规格质量不便掌握；放顶线处支柱少、受力大，不利于挡矸；支柱间空当小，行人、运料不方便，所以很少使用。单体支柱和悬臂梁的配合方式如图3—17所示。

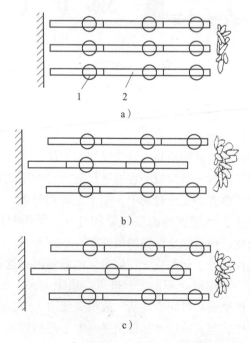

图3—17　单体支柱和悬臂梁的配合方式

a）齐梁齐柱　b）错梁齐柱　c）错梁错柱

1—支柱　2—金属顶梁

（2）单体液压支柱和"丌"型钢梁配套支架

"丌"型钢梁是由两根"丌"型钢梁对焊而成，其长度有2.4米、2.8米和3.2米等多种。单体液压支柱和"丌"型钢梁配套支架交替迈步支护顶板，缩小了端面距，增加了支架稳定性，保证了回柱放顶的安全。

（3）综采液压支架

自移式液压支架是一种维护采煤空间的机械化支护设备。它以高压液体为动力，使支护、移架、切顶和推移输送机等过程一起完成。实践证明，液压支架具有支护性能好、强度高、移设速度快、安全可靠等优点，是目前最先进的采煤支护手段。

自移式液压支架与大功率双滚筒采煤机、大功率高强度重型可弯曲刮板输送机相配合，实现了综合机械化采煤，大大降低了劳动强度，提高了劳动效率和安全性，是我国煤矿生产的发展方向。

1）液压支架的形式。按照支架与围岩相互作用的关系及其立柱布置方式，液压支架的形式一般可分为三大类，即支撑式、掩护式和支撑掩护式。

①支撑式支架。支撑式支架是指立柱通过顶梁直接支撑顶板，对冒落矸石没有完善的掩护构件的液压支架。它包括节式和垛式等支架，主要由顶梁、前梁、立柱、控制阀、推移装置和底座六部分组成。

②掩护式支架。掩护式支架指的是只有一排立柱，直接或间接地通过顶梁向顶板传递支撑力，用掩护梁、连杆等起稳定作用并有较完善的掩护挡矸装置的液压支架。它主要由顶梁、推移装置、底座、立柱、掩护梁和连杆六部分组成。

③支撑掩护式支架。支撑掩护式支架是指有两排或两排以上立柱，直接或间接地通过顶梁向顶板传递支撑力，用掩护梁、连杆等起稳定作用并有较完善的掩护挡矸装置的液压支架。它主要由护帮装置、前梁、顶梁、立柱、掩护梁、连杆、底座和推移装置八部分组成。

2）综采放顶煤支架。综采放顶煤支架在其后方（或上方）留有可开、关的放落煤炭窗口。综采放顶煤工艺的特点是在特厚煤层中，沿煤层底部布置工作面，在工作面上方留有顶煤，在工作面回采的同时，利用矿山压力的作用或辅以人工松动的方法，使工作面上方的顶煤破碎，在工作面支架后方（或上方）放落，运出工作面。

4. 单体液压支柱使用的注意事项

（1）新下井支柱或长期未使用的支柱，第一次使用时应先按最大行程进行升降柱至少 2 次，以排除缸体内空气后，方可支设；否则，支柱初撑后可能出现缓慢下沉现象。

（2）支柱支设前应检查零部件是否齐全，柱体有无弯曲、缺件、漏液等现象，不合格的支柱不准使用。

（3）支柱支设前，必须用注液枪冲洗注液阀体，防止煤粉等污物进入支柱内腔。

（4）支柱支设接顶后，应继续供液 4~5 秒，再切断液源，以保证支柱初撑力。

（5）支柱顶盖四爪应卡在顶梁槽上，接合严密，不允许顶在顶梁上或顶梁接头处，不准单爪承载，缺爪的不允许继续使用。

（6）支柱支设的最大高度应小于支柱设计最大高度 0.1 米；支柱支设的最小高度应大于支柱设计最小高度 0.2 米。当采高突然变化超过支柱最大高度或小于支柱最小高度时，应及时更换相应规格的支柱，不得在支柱底部垫木板、矸石或打成"死柱"。

（7）禁止用锤、镐和矸石等物体猛力敲击支柱的任何部位；严禁用立柱做推溜器，也不准将支柱手把作为移溜千斤顶的支撑，以免损坏支柱。

（8）支柱支设时应根据煤层倾角大小，设一定量的迎山角，其范围为 0°~7°。支柱不能打在底板的浮煤浮矸上，底软时必须穿柱鞋。

（9）不得混合使用不同类型或不同性能的支柱。确因地质条件的变化必须使用时，必须制定安全技术措施并报矿总工程师批准。

（10）在中厚煤层和急倾斜煤层工作面的人行道两侧的支柱应

拴铁丝或拉大绳，上下串联起来，以防支柱失效伤人。

（11）回柱时必须先放液卸载，不准生拉硬拽；若遇"压死"支柱，应打好临时支柱，采取挑顶或卧底的办法取出。

（12）放液卸载时必须使用专用卸载手把，不得用镐头或其他金属物体替代。

（13）工作面必须经常配备10%的备用支柱。每一个采煤工作面结束回采后或使用时间超过8个月，或在井下存放3个月以上的支柱，必须上井检修。

（14）支柱支设前必须检查乳化液泵站和液压管路系统。

5. 操作液压支架的基本要求

（1）操作的动作快

当采煤机割煤后，移架工作应立即跟上，要求移架落后采煤机滚筒不得超过3~5米，以尽量缩短新暴露顶板的无支护"空顶"时间和面积。

（2）移架的步距准确

每次推溜、移架的步距和位置要求准确，并要做到一次到位，不能推移量过大或过小。采煤机割煤后，煤壁残留伞檐或底煤时应挑下刷齐或起平，不允许托顶煤移架或爬底煤移架。

（3）移架整齐一条线

移架时不发生支架偏斜、歪扭和前倾后仰，顶梁和底座要移平，梁端、立柱保持整齐一条线。

（4）顶板、架间空隙背严

使支架与顶底板接触良好，并使架间空隙背严，挡矸板、侧护板要堵严，以防止顶板漏矸和采空区窜矸，保证工作空间和提高支架稳定性。

（5）浮煤、碎矸清理干净

支架底板和架间的浮煤、碎矸要清理干净。

6. 采煤工作面顶板的管理规定

（1）采煤工作面支架安全质量标准化要求

采煤工作面支架安全质量标准化应符合以下规定要求。

1）液压支架初撑力不低于额定值的 80%，有现场检测手段；单体液压支柱初撑力符合《煤矿安全规程》要求。

2）工作面支架的中心距（支柱间排距）误差不超过 100 毫米，侧护板正常使用，架间间隙不超过 200 毫米（柱距为 −50～50 毫米）；支架不超高使用。

3）液压支架接顶严实，相邻支架（支柱）顶梁平整，不应有明显错差（不超过顶梁侧护板高的 2/3），支架不挤不咬。

4）工作面液压支架（支柱顶梁）端面距离应符合作业规程规定。工作面"三直一平"，液压支架（支柱）排成一条直线，其误差不超过 50 毫米。工作面伞檐长度大于 1 米时，其最大突出部分薄煤层不超过 150 毫米，中厚以上煤层不超过 200 毫米；伞檐长度在 1 米以下时，最突出部分薄煤层不超过 200 毫米，中厚煤层不超过 250 毫米。

5）支架（支柱）应编号管理，牌号清晰。

6）工作面内特殊支护齐全；局部悬顶和冒落不充分（面积小于 2 米×5 米）的应采取措施，超过的应进行强制放顶。特殊情况下不能强制放顶时，应有加强支护的可靠措施和矿压观测监测手段。

7）不应随意留顶煤开采。留顶煤、托夹矸开采时，应有经过审查批准的专项安全技术措施。

8）采用放顶煤、采空区充填工艺等特殊生产工艺的采煤工作面，支护和顶板管理应符合作业规程的要求。

9）工作面因顶板破碎或分层开采，需要铺设假顶时，应按照作业规程的规定执行。

10）认真进行工作面工程质量、顶板管理、规程落实及安全隐患整改情况的班组评估工作，并做好记录。

11）工作面控顶范围内，顶底板移近量按采高不大于 100 毫米/米；底板松软时，支柱应穿柱鞋，钻底小于 100 毫米；工作面顶板不应出现台阶下沉。

12）回风、运输巷与工作面放顶线放齐，控顶距应符合作业规程中的规定；挡矸有效。

（2）采煤工作面上下出口的支护规定

为了保证工作面上下出口畅通无阻，必须设专人维护，保证支架完整无缺，发生支架断梁折柱、巷道底鼓变形时，必须及时更换、清挖。

1）采煤工作面必须保持至少两个安全出口，才能开采三角煤、残留煤柱。不能保持两个安全出口时，必须制定安全措施，报企业主要负责人审批。

2）两个安全出口，一个通到回风巷道，另一个通到进风巷道。这样既能保障工作面正常通风，又能保证两个安全出口间的安全距离，不至于两个安全出口同时遭到破坏。

3）工作面安全出口畅通，不能堆积大量设备、器材、材料和煤矸等物。

4）安全出口人行道宽度不低于0.8米，综采（放）工作面高度不小于1.8米，其他工作面高度不小于1.6米。

5）面内支护与出口巷道支护间距不大于0.5米，架设抬棚的单体支柱初撑力不小于11.5兆帕。宜使用端头支架或其他有效支护形式。

6）超前支护距离不小于20米，初撑力符合《煤矿安全规程》规定。

7）架棚巷道超前替换距离应符合作业规程规定。

二、掘进作业安全

为了开采地下煤炭，需要从地面向地下开掘一系列巷道通达煤层以构成采煤工作面。井巷工程施工称为掘进作业。

1. 巷道掘进方法

巷道掘进方法有钻眼爆破方法和综合机械化方法两种。

（1）钻眼爆破掘进

钻眼爆破法主要工序是钻眼、爆破、装煤矸、支护等。它是目前我国煤矿掘进工作面应用最广泛的一种方法，但是工人劳动强度较大，掘进速度较低。

掘进工作面炮眼的布置合理与否，是钻眼爆破法的效率和质量高低的主要因素。

掘进工作面炮眼按其用途和位置可分为掏槽眼、辅助眼和周边眼三类。掘进工作面炮眼布置如图3—18所示。

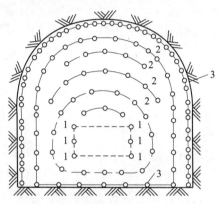

图3—18　掘进工作面炮眼布置
1—掏槽眼　2—辅助眼　3—周边眼

1）掏槽眼。掏槽眼的作用是将工作面的部分煤（岩）首先破碎并抛出，在工作面上形成第二个自由面，为其他炮眼爆破创造有利条件。掏槽眼的好坏决定着一茬炮的成败，对掘进进尺起关键性作用。

掏槽眼一般布置在巷道断面的中下部，以便于钻眼时掌握方向，并有助于其他多数炮眼爆破时煤（岩）借助自身重量崩落。由于掏槽眼受到周围煤（岩）体的挤压作用，一般炮眼利用率为80%左右，故掏槽眼通常比其他炮眼深200~300毫米。目前，常用的掏槽眼按其与工作面夹角的不同分为三种方式：直眼掏槽、斜眼掏槽和混合式掏槽。

2）辅助眼。辅助眼，又称崩落眼，是布置在掏槽眼和周边眼之间的炮眼。它的作用是大量地崩落煤（岩），形成一定的空间，并为周边眼的爆破创造新的自由面，提高周边眼的爆破效果。

辅助眼以槽洞为中心层布置，眼距应根据煤（岩）的最小抵抗线确定，一般为 500～700 毫米，方向基本上要垂直工作面，布置比较均匀。装药系数一般为 0.45～0.60。如果采用光面爆破，紧邻周边眼的一圈辅助眼要为周边眼炸出一个理想的光面层，即光面层厚度比较均匀，且等于周边眼的最小抵抗线。

3）周边眼。周边眼包括顶眼、帮眼和底眼。顶眼和帮眼的布置对控制巷道断面的成形非常关键。按照光面爆破的要点，顶眼和帮眼的眼口应布置在巷道设计轮廓线上，但为了便于钻眼，炮眼稍向轮廓线外偏斜，眼底偏斜量不超过 150 毫米，偏斜角由炮眼深度来调整，这样布置可使下一茬钻眼有足够的空间。

底眼的布置能控制巷道的标高和坡度，另外，还能起到抛掷炸落煤（岩）的作用。底眼方向向下倾斜，眼口应比巷道底板高 150 毫米左右，以利于钻眼和防止往炮眼内灌水。眼底应低于巷道底板 200 毫米左右，以防飘底，并为铺轨创造有利条件。

底眼的最小抵抗线与炮眼间距一般与辅助眼相同。如果要使底眼产生有效抛掷作用，可适当缩小眼距、加大眼深、增加药量。

（2）综合机械化掘进

综合机械化掘进就是在掘进工作面采用了巷道掘进机，实现破煤（岩）、装煤（岩）、转载煤（岩）的连续机械化作业，有的掘进机还装有锚杆钻装机，可同时完成支护工作。与钻眼爆破法相比，综合机械化掘进具有工序少、速度快、效率高、质量好、施工安全、劳动强度小等优点。巷道掘进机有煤巷掘进机和岩巷掘进机两类。目前，煤巷掘进机在我国许多矿区得到了广泛应用，岩巷掘进机正处在试验推广阶段。煤巷掘进机结构如图 3—19 所示。

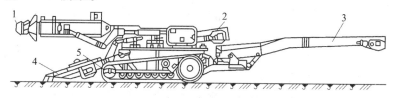

图 3—19　煤巷掘进机结构

1—截割头　2—链板输送机　3—胶带输送机　4—耙爪　5—履带

1）破煤（岩）。掘进机在工作面破煤（岩）时是靠镶有截齿的截割头转动完成的。截割头和截割悬臂连为一体。截割悬臂由液压装置控制，能够进行升降、水平回转和伸缩等自由转动，能截割出各种形状的巷道断面。

2）装煤（岩）。掘进工作面的煤（岩）被截割下来以后，落入巷道底部，在掘进机下部有耙爪，截割头破煤的同时，耙爪不断地把煤耙入掘进机的链板输送机内。

3）转载煤（岩）。为使掘进机能向不同配套的运输设备转载煤（岩），掘进机后面安装有带式转载机。带式转载机转座可绕立轴向左右摆动，以适应不同方向的转载位置。

4）掘进机的行走。掘进机行走机构为履带，司机可操作掘进机进行前进、后退及左右转弯等动作。

2. 巷道断面的形状和支护形式

（1）巷道断面的形状

巷道断面的形状由围岩性质、井巷用途、服务年限和支护方式来决定，主要有拱形断面、圆形断面、梯形断面和矩形断面等。

（2）掘进工作面的支护形式

巷道掘出以后，为了防止顶板和两帮的煤（岩）发生过大变形和垮落，需要对巷道进行支护。巷道支护的目的就是为了使巷道保持有效的使用空间和保证安全生产。

1）金属梯形支架。金属梯形支架的顶梁、柱腿大多数用矿用工字钢加工而成，少数用重型钢轨制成。金属梯形支架以一根顶梁和两根柱腿为主要构件，梁与腿的连接形式较多。柱腿下端焊接小块钢板，以防止其插入底板之中。为了保持支架稳定，与木梯形支架一样，需要架设木楔、撑杆和背板。

金属梯形支架坚固耐用，支撑能力较强，容易整形修理，可以多次复用，架设方便且防火。但是，它没有可缩性，在压力大的巷道中使用容易歪扭变形。

金属梯形支架主要应用在采准巷道或其他地压较大而断面不大的巷道中。金属梯形支架结构如图3—20所示。

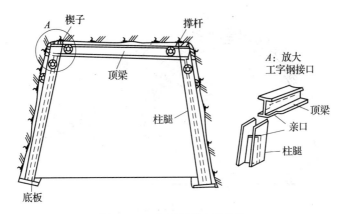

图 3—20　金属梯形支架结构

2）金属拱形可缩性支架。金属拱形可缩性支架由矿用特殊型钢制作。整个支架可以是三节、四节或更多节，各节之间用卡箍夹紧。当顶板压力超过一定限定值时，拱梁和柱腿产生滑动，使支架下缩变形，围岩压力暂时卸除。围岩的可缩性可以用卡箍的松紧来调节，为了增加支架稳定性，应采用金属支（拉）杆相互拉（撑）紧。

金属拱形可缩性支架支撑能力较高，有较大的可缩性，整体性和稳定性较好，容易整形修理，复用率高。但是初期投资较高，对巷道断面形状要求较严，架设和回撤较困难。

金属拱形可缩性支架适用于地压大、地压不稳定和围岩变形量大的巷道，是我国煤矿使用最普遍、性能最好的一种支架。金属拱形可缩性支架结构如图 3—21 所示。

3）砌碹支架。砌碹支架是指用砖、料石、混凝土或钢筋混凝土预制块砌筑而成的连接整体或支架。砌碹支架由直墙、拱顶和基础三部分组成。

砌碹支架支撑力较大、刚性强、通风阻力小、耐腐蚀、服务年限长，可就地取材，但筑砌砌碹支架时，工人劳动强度大、效率低、支架可缩量小、砌后充填困难、被压坏后维修较困难。

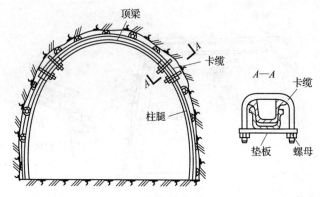

图 3—21 金属拱形可缩性支架结构

砌碹支架主要适用于围岩十分破碎、淋水较大、服务年限长、变形量小的岩巷。砌碹支架结构如图 3—22 所示。

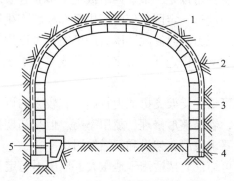

图 3—22 砌碹支架结构

1—拱顶 2—充填 3—直墙 4—基础 5—水沟

4）喷浆和喷射混凝土支护。喷射混凝土支护是将一定配合比的水泥、沙子、石子和速凝剂输送到喷嘴，与水混合后高速喷射到岩面上，从而在凝结、硬化后形成一种支护结构的支护方式。

采用这种支护方式，不仅能及时封闭围岩，有效地防止因风化潮解而引起的围岩破坏剥落，而且还能有效地充填围岩表面裂隙、凹穴和支撑因节理、裂隙形成的危岩活石，控制围岩的位移和变形。

由于其操作简单、支护及时，在我国煤矿岩巷掘进工作面应用十分广泛。但是，这种支护方式存在回弹多、粉尘大的问题，应加强回弹物的回收复用并采取措施降低粉尘浓度，以降低成本和保障工人身体健康。此外，对围岩渗涌水必须提前处理，以保证喷射混凝土的质量。

5）锚杆支护。锚杆支护是在巷道掘进后向围岩中钻眼，然后将锚杆安设在眼内，对巷道围岩进行加固，以维护巷道稳定的一种支护方式。

目前，我国煤矿采掘工作面使用的锚杆包括：木锚杆、竹锚杆、废钢丝绳锚杆、金属管缝式锚杆、钢筋锚杆、玻璃钢锚杆、树脂锚杆和快硬水泥锚杆等。

实践证明，锚杆支护优点很多，如节约坑木和钢材、降低支架成本，掘进巷道断面利用率高、巷道变形小、失修少、维修费用低、工作安全、施工简单、体力劳动强度小，通风阻力小、掘进速度快等。但是，其本身也有一定的适应条件和不足之处。由于其适应性强，广泛地用于各种类型的巷道支护。目前，锚杆支护在我国煤矿发展迅速，应用极广。锚杆支护结构如图3—23所示。

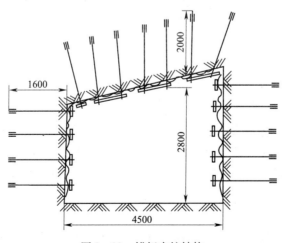

图3—23 锚杆支护结构

6）联合支护。为了发挥某种支护形式的优点，克服其他支护形式的不足，往往采取联合支护形式。联合支护形式主要包括：架设金属梯形或拱形可缩性支架与喷射混凝土支护、锚杆与喷射混凝土支护、锚网支护、锚梁支护、锚索支护等。联合支护结构如图3—24所示。

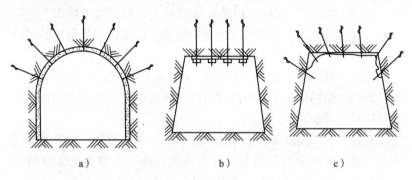

图 3—24 联合支护结构

a）锚喷支护 b）锚梁支护 c）锚网支护

3. 掘进作业安全操作事项

（1）操作前要坚持敲帮问顶，及时处理浮煤，严禁空顶作业。

（2）打眼时扶钻杆的人员不准戴手套，袖口和衣襟要扎紧，以免缠住伤人。使用煤电钻打眼时，不准硬压硬推，以免烧坏煤电钻电动机。

（3）打眼时发现眼中有水、气、空洞和冒烟等现象时，要立即停止作业并向领导报告，但不能拔出钻杆。

（4）块度过大的煤（矸）要砸小后再装车。

（5）在下山装车时，人不准站在矿车正下方，装完车后应进入躲避硐室或其他安全地点。在机械装煤（岩）范围内不能行人、逗留或从事其他工作。人员若要通过此处，必须停机。

（6）人力推车时，一次只准推一辆车；严禁在矿车两侧推车；严禁蹬车和飞车；不得在能自动滑行的轨道上停车，若必须停放时，一定有防止车辆自动下滑的措施；推材料时必须将材料捆绑牢靠，且不得超高超宽；两人同时推车的间距应符合规定。

（7）在顶板破碎处作业时，必须采取前探支架或其他临时支护措施。架设支架时，设专人观察。支架应迎山有劲，支架间应设撑木或拉杆，支架与顶帮之间的空隙必须塞紧、背实。

（8）支架卡缆拧紧力矩必须符合作业规程规定。支架间应设牢固的撑木或拉杆，规格数量应按作业规程规定执行。

（9）严格按方向线施工。水平巷道支架杜绝前倾后仰，倾斜巷道支架的迎山角要符合作业规程要求。

（10）柱窝要做到实底，否则穿鞋。

（11）工作面爆破前，迎头往外10米范围内必须使用防倒装置对支架进行加固。炮掘时必须使用金属前探梁，前探梁必须及时、有效。

（12）永久支架至迎头煤壁最大控顶距离不大于设计棚距加0.3米。

（13）锚网巷道的巷帮应平直。铺网要铺平绷紧，不出网兜，网之间搭接不少于100毫米。

（14）锚杆钻孔时要按设计要求定位，锚杆孔深和角度应符合设计要求。锚杆应具有一定的预紧力，拧紧力矩应达到设计要求。锚索预紧力要达到100千牛以上，有特殊规定时，要在作业规程中明确。

（15）修复支架必须先检查顶帮，并由外向里逐架进行。

（16）掘进巷道在揭露老空前，必须有预防冒顶、透水、涌出瓦斯和引发火灾的措施。

（17）综掘面作业要躲开机器转动部位和截煤弹射方向。

4. 掘进工作面工程质量的安全质量标准化要求

（1）掘进工作面顶板管理方面的要求

掘进工作面顶板管理方面主要应符合下列要求。

1）掘进工作面控顶距离符合作业规程规定。

2）不应空顶作业，临时支护数量、形式符合作业规程要求。

3）架棚支护巷道应使用拉杆或撑木，炮掘工作面距迎头10米内必须采取加固措施。

4）掘进巷道内无空帮、空顶现象，煤巷锚杆支护应建立监测系统。

（2）掘进工作面规格质量方面的要求

掘进工作面规格质量方面有下列要求。

1）巷道净宽误差范围符合《煤矿井巷工程质量验收规范》（GB 50213—2010）的要求：锚网（索）、锚喷、钢架喷射混凝土巷道有中线的误差为 0～100 毫米，无中线的误差为 -50～200 毫米；刚性支架、预制混凝土块、钢筋混凝土弧板、钢筋混凝土巷道有中线的误差为 0～50 毫米，无中线的钢筋混凝土巷道的误差为 -30～80 毫米，其他的误差为 -30～50 毫米；可缩性支架巷道有中线的误差为 0～100 毫米，无中线的误差为 -50～100 毫米；裸体巷道有中线的误差为 0～150 毫米，无中线的误差为 -50～200 毫米。

2）巷道净高误差范围符合《煤矿井巷工程质量验收规范》（GB 50213—2010）的要求：锚网背（索）、锚喷巷道有腰线的误差为 0～100 毫米，无腰线的误差为 -50～200 毫米；刚性支架巷道有腰线的误差为 -30～50 毫米，无腰线的误差为 -30～50 毫米；钢架喷射混凝土、可缩性支架巷道有腰线的误差为 -30～100 毫米，无腰线的误差为 -30～100 毫米；裸体巷道有腰线的误差为 0～150 毫米，无腰线的误差为 -30～200 毫米；预制混凝土块、钢筋混凝土弧板、钢筋混凝土巷道有腰线的误差为 0～50 毫米，无腰线的钢筋混凝土巷道的误差为 -30～80 毫米，其他的误差为 -30～50 毫米。

3）巷道坡度等符合《煤矿井巷工程质量验收规范》（GB 50213—2010）的要求，掘进坡度的偏差不得超过 ±1‰。

4）巷道水沟误差应符合以下要求：中线至内沿距离的误差为 -50～50 毫米，腰线至上沿距离的误差为 -20～20 毫米，深度、宽度的误差为 -30～30 毫米，壁厚的误差为 -10～0 毫米。

（3）掘进工作面内在质量方面的要求

掘进工作面内在质量方面有下列要求。

1）锚喷巷道的喷层厚度不低于设计值的 90%（现场每 25 米

打一组观测孔，一组观测孔至少打 3 个孔且均匀布置），喷射混凝土的强度符合设计要求，基础深度不小于设计值的 90%。

2）光面爆破眼痕率：硬岩不小于 80%、中硬岩不小于 50%，软岩巷道周边成型应符合设计轮廓；煤、半煤不准出现超、欠挖 3 处（直径大于 500 毫米、深度：顶大于 250 毫米、帮大于 200 毫米）。

3）锚杆（索）安装、螺母扭矩、抗拔力、网的铺设连接符合设计要求，锚杆（索）的间、排距为 –100~100 毫米，锚杆（索）露出螺母长度为 10~40 毫米，锚索露出锁具长度为 150~250 毫米，锚杆应与井巷轮廓线切线或与层理面、节理面、裂隙面垂直，最小不应小于 75°，抗拔力、预应力不应小于设计值的 90%。

4）刚性支架、钢架喷射混凝土、可缩性支架巷道的巷道偏差：支架间距≤50 毫米、梁水平度≤40 毫米、支架梁扭矩≤50 毫米、立柱斜度≤1°、水平巷道支架前倾后仰柱≤1°、窝深度不小于设计值。

复习思考题

1. 什么是煤层厚度？
2. 煤层倾角分为哪四类？
3. 正断层和逆断层有什么区别？
4. 以下示意图为哪种开拓方式？

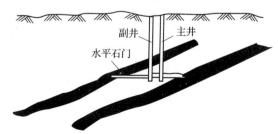

5. 通风安全设施的作用是什么？

6. 班前会的主要内容是什么？

7. 在绞车斜巷行走要注意哪些安全事项？

8. 工作面支架的中心距（支柱间排距）的误差不超过多少？

9. 安全出口人行道综采（放）工作面的高度不小于多少？

10. 超前支护的距离不小于多少？

11. 锚杆支护的优点是什么？

12. 掘进锚网（索）、锚喷巷道有中线的净宽误差范围是多少？

13. 掘进可缩性支架巷道有腰线的净高误差范围是多少？

14. 硬岩掘进光面爆破眼痕率应不小于多少？

第四章　井工煤矿五大灾害防治

煤矿地质条件复杂多变，经常受到水、火、瓦斯、煤尘和顶板等自然因素威胁，我们常把瓦斯爆炸、煤尘爆炸、透水、发火和冒顶称为煤矿五大灾害。

第一节　煤矿瓦斯爆炸事故防治

一、瓦斯概述

瓦斯爆炸是煤矿五大灾害之首，是煤矿安全的"第一杀手"。无论是事故起数和死亡人数都占相当大的比例。2002 年至 2012 年期间，全国煤矿发生特别重大瓦斯事故 44 起、死亡 2 758 人，分别占同期特别重大事故总起数的 72.1% 和死亡人数的 79.6%。

【案例】2013 年 4 月 20 日 13 时 26 分，吉林省延边州和龙市庆兴煤业有限责任公司庆兴煤矿发生一起重大瓦斯爆炸事故，造成 18 人死亡、12 人受伤，直接经济损失达 1 633.5 万元。

事故直接原因：庆兴煤矿违法违规组织生产，蓄意隐瞒作业地点，在 +214 米标高三段十一路采用国家明令禁止的巷道式采煤方法，未形成全负压通风系统，造成瓦斯积聚，违章放炮引起瓦斯爆炸。

1. 煤层瓦斯的形成过程

煤层瓦斯是植物残骸在成煤过程中伴生的产物。

古代植物在成煤过程中，经化学作用，其纤维质分解产生大量瓦斯。在以后煤的变质过程中，随着煤的化学成分和结构的改变，继续有瓦斯不断生成。煤层的煤化过程越高，存储瓦斯能力越强，即高变质煤比低变质煤瓦斯含量大。在全部成煤过程中，每形成一吨烟煤，可以伴生大约 600 米^3 以上的瓦斯，而在长焰煤变质为无烟煤的过程中，每吨煤又可以伴生 240 米^{3}以上的瓦斯。

在漫长的地质年代里，由于瓦斯的密度小，扩散能力强，地层又具有一定的透气性及地质变化，大部分瓦斯都已逸散到大气中，只有一小部分至今仍被保存在煤体中，随着采掘活动的进行，瓦斯便从煤体内涌出。

2. 瓦斯的性质及危害

（1）瓦斯是一种无色、无味、无臭的气体，隐蔽性很强，人体器官不能发现其存在，所以必须依靠检测仪器仪表，同时要求检测仪器仪表准确、灵敏、可靠。

（2）瓦斯本身无毒，但空气中瓦斯浓度增加，氧气含量就会相应减少，会使人因缺氧而窒息。

（3）瓦斯在一定条件下，会发生燃烧、爆炸。爆炸产生的冲击波能造成人员伤亡、巷道和设备损坏；爆炸形成的高温会烧伤、烧死人员，烧毁设备、材料和煤炭资源；爆炸产生的大量有毒气体，会使大批人员窒息、中毒，甚至死亡；爆炸时扬起大量积尘，积尘参与爆炸，会使后果更加严重。

（4）瓦斯的扩散性极强，是空气的 1.6 倍，一旦瓦斯涌出，便能扩散开来，迅速在大范围内对人体造成危害并对安全构成威胁。

（5）瓦斯密度约为 0.554，是空气密度的一半，所以经常积聚在巷道空间的上部，特别是巷道冒顶空洞。采煤工作面上隅角和采空区高冒处积聚的瓦斯浓度易达到爆炸界限，但不容易被检测出来，而且处理也比较困难。

（6）瓦斯的渗透性极强，在一定瓦斯压力和地压的共同作用下，瓦斯能从煤岩中向采掘空间涌出，甚至喷出或突出，已封闭采空区内的瓦斯也能源源不断地渗透到矿井巷道内，造成瓦斯灾害。

3. 煤层瓦斯的赋存状态

矿井瓦斯在煤、岩层中以两种状态存在，即自由状态和吸附状态。

（1）自由状态指的是瓦斯以自由气体状态存在于煤、岩层的裂隙或空洞之中。

（2）吸附状态指的是瓦斯分子被吸着在煤体或岩体孔隙表面上，或被溶解于煤体或岩体之中。

煤体中瓦斯的赋存状态如图4—1所示。

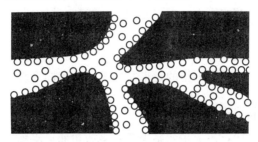

图4—1　煤体中瓦斯的赋存状态示意图

4．影响煤层瓦斯含量的因素

（1）地质构造

1）褶皱构造。当煤层顶板岩石透气性差时，它是良好的储气构造，这时，瓦斯含量将增大。

2）断层构造。一般来说，开放性断层，不论其与地表是否连通，其附近的瓦斯含量低。封闭性断层（受压影响）可阻止 CH_4 的排放。

（2）煤层的赋存条件。煤层有露头时，瓦斯易于排放；无露头时，瓦斯易于保存。煤层的透气性一般比围岩大得多，煤层倾角越小，瓦斯运移的途径越长。因此，在其他条件大致相同的情况下，在同一深度上，煤层倾角越小，煤层所含瓦斯越多。

（3）煤层的围岩性质。围岩为致密完整的低透气性岩层，围岩的透气性差，所以煤层瓦斯含量高，瓦斯压力大。反之，围岩若由厚层中粗砂岩、砾岩或裂隙溶洞发育的石灰岩组成，则煤层瓦斯含量小。

（4）煤的变质程度。煤的变质程度越高，煤层瓦斯含量就越大。

（5）岩浆活动。岩浆活动既有生成瓦斯的作用，又有使瓦斯逸散的可能性。

（6）水文地质条件。水大的地带瓦斯含量小，反之亦然。

5. 煤层瓦斯压力

煤层瓦斯压力指的是煤孔隙中所含游离瓦斯的气体压力，即气体作用于孔隙壁的压力。煤层瓦斯压力越高，煤中所含的瓦斯量也就越大。

（1）煤的瓦斯原始压力

煤的瓦斯原始压力指的是未受采矿采动和抽采影响的煤体内的瓦斯压力。

（2）煤的瓦斯残存压力

煤的瓦斯残存压力指的是受采矿采动和抽采影响后的煤体内的瓦斯压力。

二、瓦斯涌出和等级划分

1. 瓦斯涌出的形式

（1）普通涌出。普通涌出指的是瓦斯从采落煤（岩）层的微小孔隙中长时间地、均匀地放出。它是矿井瓦斯涌出的主要形式。

（2）特殊涌出。特殊涌出包括喷出和突出。在短时间内，大量处于高压状态的瓦斯，从采掘工作面的煤岩裂隙中，突然涌出的现象叫喷出。如在突然喷出的同时，伴随有大量的煤（岩）抛出，并有强大的机械效应，则叫煤（岩）与瓦斯突出。

2. 计算瓦斯涌出量的单位

（1）绝对涌出量。绝对涌出量指的是单位时间内涌出的瓦斯数量的总和。它的单位是米^3/分或米^3/天。

（2）相对涌出量。相对涌出量指的是矿井在正常生产情况下，平均每采1吨煤所涌出的瓦斯数量的总和。它的单位是米^3/吨。

3. 矿井瓦斯的等级

（1）矿井瓦斯分级的目的和方法

为了做到区别对待，采取有针对性的技术措施与装备，对矿井瓦斯进行有效管理与防治，创造良好的作业环境和为安全生产提供保障，按照矿井瓦斯涌出量的大小及其危险程度，将瓦斯矿井分为不同的等级。

1）矿井瓦斯等级鉴定应当以独立生产系统的自然井为单位，有多个自然井的煤矿应当按照自然井分别鉴定。

2）矿井瓦斯等级应当依据实际测定的瓦斯涌出量、瓦斯涌出形式以及实际发生的瓦斯动力现象、实测的突出危险性参数等确定。

（2）矿井瓦斯等级的划分

矿井瓦斯等级指的是根据矿井的瓦斯涌出量和涌出形式等所划分的矿井瓦斯危险程度等级。

1）煤（岩）与瓦斯（二氧化碳）突出矿井（以下简称突出矿井）。

突出煤（岩）层指的是在矿井井田范围内发生过煤（岩）与瓦斯（二氧化碳）突出的煤（岩）层或者经过鉴定为有突出危险的煤层。

煤（岩）与瓦斯（二氧化碳）突出矿井指的是在矿井开拓、生产范围内有突出煤（岩）层的矿井。

具备下列情形之一的矿井为突出矿井：

①发生过煤（岩）与瓦斯（二氧化碳）突出的。

②经鉴定具有煤（岩）与瓦斯（二氧化碳）突出煤（岩）层的。

③依照有关规定有按照突出管理的煤层，但在规定期限内未完成突出危险性鉴定的。

2）高瓦斯矿井。

具备下列情形之一的矿井为高瓦斯矿井：

①矿井相对瓦斯涌出量大于10 米^3/吨。

②矿井绝对瓦斯涌出量大于40 米^3/分。

③矿井任一掘进工作面绝对瓦斯涌出量大于3 米^3/分。

④矿井任一采煤工作面绝对瓦斯涌出量大于5 米^3/分。

3）瓦斯矿井。

同时满足下列条件的矿井为瓦斯矿井：

①矿井相对瓦斯涌出量小于或等于 10 米³/吨。

②矿井绝对瓦斯涌出量小于或等于 40 米³/分。

③矿井各掘进工作面绝对瓦斯涌出量均小于或等于 3 米³/分。

④矿井各采煤工作面绝对瓦斯涌出量均小于或等于 5 米³/分。

三、瓦斯爆炸的条件、危害和防治

1. 瓦斯爆炸的条件

瓦斯爆炸必须同时具备以下三个条件，缺一不可。

（1）瓦斯爆炸浓度。瓦斯爆炸浓度界限为 5% ~ 16%，当浓度达 9.5% 时，爆炸威力最强。但并不是固定不变的，如果有其他可燃气体和粉尘混入，或者混合气体的压力和温度升高，都会使瓦斯爆炸浓度界限扩大。

（2）引爆温度。在一般情况下，瓦斯引爆温度为 650 ~ 750℃。如明火、煤炭自燃、电气火花、吸烟、撞击和摩擦火花等都能引爆瓦斯。

（3）足够的氧气。瓦斯爆炸时氧浓度必须达到 12% 以上。

2. 瓦斯爆炸的危害

（1）产生高温。瓦斯爆炸产生的高温，可达 2 150 ~ 2 650℃。这样的高温会烧伤、烧死井下人员，烧毁设备和煤炭资源。

（2）产生高压。瓦斯爆炸产生的高压，形成强大冲击波，造成人员伤亡、巷道和机械设备遭到破坏，扬起大量积尘，并使之参与爆炸。

（3）生成大量有害气体。瓦斯爆炸后的空气成分发生变化，氧含量下降到 6% ~ 8%，二氧化碳增加到 4% ~ 8%，特别是一氧化碳高达 2% ~ 4%，会造成大批人员因窒息而死亡。

3. 预防瓦斯爆炸的措施

（1）防止瓦斯积聚

1）加强通风。矿井通风是防止瓦斯积聚的基本措施，只有做到供风稳定、连续、有效，才能保证及时冲淡和排除瓦斯。局部通风机不得无计划停电、停风，风筒不得破损、脱节，禁止微风和无风作业。

2）加强检查。一定要按规定的次数检查采掘工作面瓦斯和二氧化碳浓度。低瓦斯矿井中每班至少 2 次；高瓦斯矿井中每班至少 3 次；煤（岩）与瓦斯突出危险的采掘工作面、有瓦斯喷出危险的采掘工作面和瓦斯涌出量较大、变化异常的采掘工作面，必须有专人经常检查，并安设甲烷断电仪。

3）及时处理局部积聚的瓦斯。采煤工作面上隅角、顶板冒落空洞内和局部通风机送风达不到或不够量的掘进工作面等处容易积聚瓦斯。一旦发现，必须立即处理。

4）抽放瓦斯。瓦斯涌出量大，采用通风方法解决瓦斯问题不合理时，应预先采取抽放措施，把开采时的瓦斯涌出量降下来，以便安全生产。

（2）杜绝引爆火源

对生产中可能产生的引爆火源，必须严加管理和控制，严禁携带烟草和火种下井，井下禁止使用灯泡和电炉取暖，不得从事井下焊接作业，不准穿化纤衣服下井，电气设备做到完好和防爆。严格井下爆破安全管理。

（3）防止瓦斯事故扩大

一旦井下某地点发生瓦斯爆炸，应该把其限制在尽可能小的范围内，以使损失降到最低程度。具体措施主要有分区通风和设置防、隔爆设施。目前防、隔爆设施主要使用岩粉棚、隔爆水袋和撒布岩粉三种。

四、煤与瓦斯（二氧化碳）突出的危害、预兆和防治

煤与瓦斯（二氧化碳）突出指的是大量承压状态的瓦斯（二氧化碳）从煤、岩裂缝中快速喷出的现象。

【案例】2014 年 3 月 21 日，河南省平煤神马集团长虹矿业公司发生重大煤与瓦斯突出事故，造成 13 人死亡。该矿为煤与瓦斯突出矿井，事故前二 1 煤层 -21010 机巷掘进工作面出现了喷孔、顶钻等突出预兆，但矿方未及时采取有效防突措施消除突出危险性，在工人修棚打穿杆作业过程中诱发煤与瓦斯突出。事故暴露出该矿防突措施不落实、现场管理混乱、突出危险性鉴定失实等问题。

【案例】2014 年 2 月 24 日 0 时 0 分，吉林省宇光能源股份有限公司九台营城矿业分公司发生一起煤与二氧化碳突出事故，突出煤量 190.4 吨，涌出二氧化碳 3 593.6 米^3，造成 4 人死亡，1 人受伤，直接经济损失达 286.714 2 万元。

事故直接原因：事故区域地质构造发育，且各断层相互连通，地质构造运动中形成的火山气体（主要成分为二氧化碳）沿构造运移，并根据构造的开放或封闭而逸散或储存。在事故地点附近存在断层等构造，并存在致密岩层，由于地质运动而将游离态二氧化碳封存在事故区域，形成高压二氧化碳气源。工作面爆破作业时引起上部煤体垮塌后，导致工作面前上方构造带内封闭的高压游离态二氧化碳气体异常涌出，将垮塌破碎的煤体瞬间抛出，从而形成煤与二氧化碳倾出事故。

1. 煤与瓦斯（二氧化碳）突出的主要危害

（1）产生的高压瓦斯流能摧毁巷道，造成风流逆转、破坏矿井通风系统。

（2）井巷充满瓦斯，造成人员窒息，引起瓦斯燃烧或爆炸。

（3）喷出的煤岩造成煤流埋人。

（4）猛烈的动力效应可能导致冒顶和火灾事故的发生。

2. 煤与瓦斯（二氧化碳）突出的一般规律

（1）危险性随开采深度及煤层厚度的增大而增大。突出发生在一定的采掘深度以后，随着开采深度增加，煤层突出的危险性增高。突出次数和强度，随煤层厚度，特别是软分层厚度的增加而增加。

（2）绝大多数发生在掘进工作面。上山掘进比下山掘进容易突出，突出次数随着煤层倾角的增大而增多。

（3）引起应力状态突然变化的区域

1）石门揭穿煤层时，工作面迅速推入煤体，如放炮作业、快速打钻。

2）工作面由硬煤区进入软煤区。

3）工作面靠近和进入地质构造带，如断层、褶曲、岩浆岩侵入带和煤层厚度、倾角以及走向变化带，据北票矿务局统计，90%以上的突出发生在地质构造区和火成岩侵入区。

4）采煤工作面老顶初次及周期来压。

5）急倾斜煤层突然冒落。

（4）主要诱导因素是采掘作业，其次为爆破、风镐、手镐作业。大多数突出发生在放炮和落煤工序。放炮后没有立即发生的突出，称为延期突出。延迟的时间由几分钟到十几个小时，它的危害性更大。

3. 煤与瓦斯（二氧化碳）突出的预兆

（1）有声预兆

1）煤炮（指的是深部岩层或煤层的劈裂声）响声。

2）支架变形，如支柱、顶梁折断或位移的声音。

3）煤（岩）开裂、片帮或掉矸、底鼓发出的响声。

4）瓦斯涌出异常，打钻喷瓦斯、喷煤，出现响声、风声和蜂鸣声。

5）气体穿过含水裂隙的嘶嘶声。

（2）无声预兆

1）煤层结构变化，层理紊乱、煤层变软、煤层厚度变大、倾角变陡、煤层由湿变干、光泽暗淡。

2）煤层构造变化，挤压褶曲、波状起伏、顶底板阶梯凸起、出现新断层。

3）瓦斯涌出量变化，瓦斯浓度忽大忽小、煤尘增大、气温变冷、气味异常。

4. "四位一体"综合防突措施

区域性和局部性的两个"四位一体"综合防突措施包括以下几方面。

（1）突出危险性预测

1）区域突出危险性预测方法一般有煤层瓦斯参数、瓦斯地质分析法等。

2）工作面突出危险性预测。石门揭煤工作面的突出危险性预测应当选用综合指标法、钻屑瓦斯解吸指标法或其他经试验证实有效的方法进行。

采煤工作面突出危险性预测方法可用复合指标法、R 值指标法、钻屑指标法、瓦斯含量法或其他经试验证实有效的方法（钻屑温度、煤体温度、爆破后瓦斯涌出量等）。

（2）防治突出的措施

1）区域性防突出措施。区域性防突出措施主要有开采保护层和预抽煤层瓦斯两种。开采保护层是预防突出最有效、最经济的措施。

在突出矿井中，预先开采的、并能使其他相邻的有突出危险的煤层受到采动影响而减少或丧失突出危险的煤层称为保护层，后开采的煤层称为被保护层。保护层位于被保护层上方的叫上保护层，位于下方的叫下保护层。

2）局部防突措施。大型突出往往发生于石门揭开突出危险煤层时。常见的局部防突措施有钻孔排放瓦斯、水力冲孔、超前支架、超前钻孔和煤体固化等。

（3）防治突出措施的效果检验

1）区域防突措施的效果检验。开采保护层的保护效果检验主要采用残余瓦斯压力、残余瓦斯含量、顶底板位移量及其他经试验证实有效的指标和方法，也可以结合煤层的透气性系数变化率等辅助指标。

2）局部防突措施的效果检验。煤巷掘进工作面执行防突措施后，应当选择规定的预测突出危险性方法进行措施效果检验，如钻屑指标法、复合指标法、R 值指标法和其他经试验证实有效的方法。

（4）安全防护措施

按照安全防护措施的功能，可将其划分为以下三类。

1）减少作业人员在采掘工作面的时间，采取的措施有远距离爆破。

2）突出发生后，作业人员及时得到妥善避灾和救助，主要的措施有采区避难所、工作面避难所或压风自救系统等。

3）发生突出后，控制灾害影响，主要的措施有设置反向风门、安设挡栏等。

第二节　矿井煤尘爆炸事故防治

煤尘是煤矿在生产过程中所产生的各种矿物细微颗粒的总称，也有的称为矿尘。悬浮于空气中的煤尘叫浮尘，沉落下来的煤尘叫落尘。

一、煤尘产生的因素及其危害

1. 煤尘的产生

（1）采煤工作面产尘工序：采煤机落煤、放煤、装煤、移架、运输转载、运输机运煤、人工攉煤、放炮及放煤口放煤等。

（2）掘进工作面产尘工序：机械破岩、装岩、放炮、巷道维修的锚喷现场、煤炭装卸点、煤矸运输及锚喷等。

（3）井下煤仓放煤口、溜煤眼放煤口、转载机转载点、破碎机。

（4）输送机转载点和卸载点、装煤点、煤炭运输大巷。

2. 影响煤尘产生的主要因素

（1）自然条件

1）地质构造：矿井地质构造复杂，断层、褶皱比较多，在岩层和煤层遭到破坏的地区开拓、开采时，矿尘的产生量最大。

2）煤层赋存条件：煤层的倾角越大，厚度越大，采掘过程中煤尘的发生量也就越大。

3）煤岩的物理性质：煤质脆、节理发育、结构疏松、水分少的煤层，开采时煤尘的产生量大。

（2）采掘条件

1）机械化程度和开采强度：采掘机械化程度高，采掘强度大时，矿尘的发生量大。由于滚筒采煤机组的广泛应用，生产的高度集中，产量大幅度上升，使煤尘的产生量大大增加。

2）采煤方法：采煤的方法不同，生成煤尘的量不一样。例如：

在缓倾斜煤层中，全部垮落采煤法比充填采煤法生成的煤尘的量大。

3）开采深度：随着开采深度的增加，地温增高，煤（岩）体内原始水分降低，煤（岩）干燥，开采时产尘量就大。

4）通风状况：若风速小，不能把井下空气中的矿尘吹走，使矿尘在空气中的含量增大；若风速过大，又把落在巷道周围的矿尘吹起，同样增大空气中的含尘量。

3. 矿尘的危害

矿尘具有很大的危害性，主要表现在以下几个方面。

（1）煤尘在一定条件下能引起燃烧和爆炸，造成人员伤亡、设备破坏，甚至毁坏整个矿井。

（2）污染工作场所，引起职业病。工人长期在有矿尘的环境中作业，吸入大量的矿尘，轻者会患呼吸道炎症、皮肤病、慢性中毒，重者会患尘肺病，严重地影响人体的健康和寿命。

（3）加速机械磨损，缩短精密仪器的使用寿命。

（4）降低工作场所能见度，不仅影响劳动效率，而且会遮挡作业人员的视线，影响操作，不能及时发现事故隐患，容易发生人身事故，对安全生产不利，增加工伤事故的发生。

（5）煤矿向大气排放的矿尘对矿区周围的生态环境也会产生很大影响，对生活环境、植物生长环境可能造成严重破坏。

【案例】2013 年 12 月 13 日 1 时 25 分，新疆昌吉回族自治州呼图壁县白杨沟煤炭有限责任公司煤矿发生重大瓦斯煤尘爆炸事故，造成 22 人死亡，1 人受伤，直接经济损失达 4 094.06 万元。

事故直接原因：煤矿违规实施架间爆破，引燃综放面采空区积聚的瓦斯，并形成了瓦斯爆炸；冲击波沿运输顺槽、+1 561 米运输平巷传播途中，联络巷、探巷内积聚的瓦斯以及运输顺槽、+1 561 米运输平巷扬起的煤尘参与爆炸，形成了瓦斯煤尘爆炸事故，导致事故扩大。

二、煤尘爆炸的条件和危害

1. 煤尘爆炸的条件

煤尘爆炸必须同时具备以下三个条件，缺一不可。

（1）具有爆炸性的悬浮煤尘浓度在爆炸极限范围内。煤尘有的具有爆炸性，有的不具有爆炸性。一般认为煤的挥发分大于10%时，基本上属于爆炸性煤尘。具有爆炸性的煤尘只有在空气中呈悬浮状态，并且浓度在爆炸极限范围内（一般下限浓度为30~50克/米³，上限浓度为1 000~2 000克/米³）才能发生爆炸。爆炸力最强的煤尘浓度为300~400克/米³。

（2）引爆温度。煤尘引爆温度因煤尘性质及所处条件不同，变化较大。在正常情况下，煤尘爆炸的引爆温度为610~1 050℃，一般为700~800℃。

（3）空气中氧浓度大于18%。但必须注意，空气中氧浓度即使减至18%以下，并不能完全防止瓦斯与煤尘在空气中的混合物爆炸。

2. 煤尘爆炸的危害

煤尘爆炸的危害与瓦斯爆炸相同，只是程度不一样。主要表现在以下三个方面。

（1）产生高温。煤尘爆炸产生的气体温度高达2 300~2 500℃，爆炸火焰最大传播速度为1 120~1 800米/秒。

（2）产生高压。煤尘爆炸的理论压力为735.5千帕。高压产生巨大冲击波（正向冲击和反向冲击），冲击波速度为2 340米/秒。

（3）形成大量有害气体。煤尘爆炸后产生大量的二氧化碳和一氧化碳，一氧化碳浓度一般为2%~3%，个别可高达8%。它是造成人员大量伤亡的主要原因。

三、预防煤尘爆炸的措施

1. 降低煤尘浓度的措施

生产过程中减少煤尘产生量和避免煤尘悬浮飞扬，是防止煤尘爆炸的根本措施。

（1）掘进巷道必须采取湿式钻眼、冲洗顶帮、水炮泥、爆破喷雾、装煤洒水和净化风流。

（2）采煤工作面应采取煤层注水。回风巷应安设风流净化水幕。

（3）炮采工作面应采取湿式钻眼、水炮泥、冲洗煤壁、爆破喷雾、洒水装煤。

（4）采煤机和掘进机必须安装内、外喷雾装置，截割煤层时必须喷雾降尘，无水时停机。

（5）液压支架和放顶煤采煤工作面的放煤口，必须安装喷雾装置，降柱、移架或放煤时要同时喷雾。

（6）破碎机必须安装防尘罩和喷雾装置或除尘器。

（7）井下煤仓放煤口、溜煤眼放煤口、输送机转载点和卸载点都必须安装喷雾装置或除尘器，作业时进行喷雾降尘或用除尘器除尘。

（8）井下所有煤仓和溜煤眼都应保持一定的存煤，不得放空；溜煤眼不得兼作风眼使用。

（9）必须及时排除矿井巷道中的浮煤，清扫或冲洗沉积煤尘，定期撒布岩粉并对主要大巷刷浆。

（10）确定合理的风速，有效地稀释和排除浮煤，防止过量落尘。

2. 杜绝引爆火源的措施

同预防瓦斯引爆火源的措施。

3. 防止爆炸事故扩大的措施

爆炸事故发生后，产生的冲击波的传播速度远大于火焰的传播速度。当冲击波将巷道落尘扬起时，高温火焰接踵而至，就会引发第二次煤尘爆炸。为了控制爆炸波及的范围和防止发生第二次、第三次，甚至更多次连续爆炸，《煤矿安全规程》规定，必须安设隔绝煤尘爆炸的设施。这些设施主要包括以下三种。

（1）隔爆水棚。隔爆水棚是指安设有隔爆水袋和隔爆水槽的支架。当爆炸冲击波摧翻隔爆水棚的水袋或水槽后，将水变为水幕，爆炸的高温将水汽化为气幕，吸收大量热量，致使爆炸火焰熄灭而不至于扩展蔓延。隔爆水棚分为水袋棚和水槽棚，它们的使用范围和安设方法有所不同，使用时必须注意。

（2）隔爆岩粉棚。在缺水、湿度小的矿井可选用岩粉棚进行隔爆。岩粉在爆炸冲击波作用下，从翻转的木板上散落下来，形成岩粉云带，将滞后的火焰扑灭，达到隔绝连续爆炸的目的。

（3）自动式隔爆棚。自动式隔爆棚是近年来许多国家采用的一种新型隔爆设施，对抑制爆炸具有很好的效果。自动式隔爆棚是利用传感器测量爆炸时的各种参数，并准确计算火焰传播速度，选择恰当的时间，喷射出消火剂而阻隔爆炸。

目前，我国煤矿大多数采用隔爆水袋。

第三节　矿井火灾事故防治

一、矿井火灾的分类和危害

1. 矿井火灾的分类

矿井火灾指的是发生在矿井井下各处的火灾，以及发生在井口附近的地面火灾。

矿井火灾分为两大类。

（1）外因火灾。由外来火源，如电气、烧焊、吸烟、摩擦等引发的火灾。

（2）内因火灾。破碎的煤炭及采空区中的遗煤接触空气后，氧化生热，当热量积聚、煤温升高、超过临界温度时，最终导致着火，此种现象称为煤的自燃。由于煤炭自燃引起的火灾称为内因火灾。

【案例】2012 年 9 月 22 日 4 时 15 分，黑龙江省友谊县龙山镇煤矿十井发生一起重大火灾事故，死亡12 人，直接经济损失达 2 516 万元。

事故直接原因：15#层 –140 运输平巷石门口处变压器至馈电开关之间低压橡套电缆被冒落的岩石砸坏，绝缘损伤，造成相间短路，电缆着火，引燃周边可燃物及煤壁，导致火灾事故发生、人员中毒窒息死亡。

【案例】2008 年 9 月 20 日 3 时 30 分，黑龙江省某矿井下发生特别重大火灾事故，造成31 人死亡。

　　事故的直接原因：该矿二段暗风井布置在该矿已采11号煤层的底部，巷顶残留煤柱破碎、裸露、漏风，引起煤炭氧化升温自燃，导致火灾事故。

　　事故的主要原因：该矿采取压入式通风，防灭火检测手段落后，未能及时发现煤炭自燃发火征兆；煤层永久巷道锚喷封闭不严，存在自燃发火条件；该矿进风井第四联络巷煤层自燃引发火灾事故。

2. 矿井火灾的危害

　　（1）火灾形成的高温火焰会灼伤或烧死人员；产生大量的有毒气体，如一氧化碳、二氧化碳等，由于井下空间所限，很难冲淡和排除掉，蔓延时间长、波及范围大、受害面广，在高温气流所经过的巷道中，还会使人员中毒、窒息，甚至死亡。

　　（2）矿井火灾不仅烧毁设备和煤炭资源，有时还需要封闭火区，导致一些设备长期被封闭在火区而损坏、大量煤炭资源呆滞、许多巷道停用，影响矿井正常生产。

　　（3）为瓦斯、煤尘爆炸提供了热源，引起瓦斯、煤尘爆炸的后果更加严重。

　　（4）发生在井下倾斜巷道内的火灾，可能产生火风压，一方面使矿井总风量发生变化，另一方面还使局部地区出现风流逆转，扩大灾害范围，增加事故损失和灭火救灾工作的困难。

　　（5）由于井下条件限制，井下火灾特别是内因火灾很难及时发现，发现了也不易找到准确的火源位置，找到了有时也难以控制，所以火灾延续时间长，难以扑灭。同时，因为井下空间狭小、人员难以躲避、机电设备难以转移，给灭火救灾工作造成困难和危险。

　　（6）矿井火灾产生的大量有毒、有害气体，如 CO、CO_2、SO_2、烟尘等，会造成环境污染。特别是像新疆等地的煤层露头火灾，由于火源面积大、燃烧深度深、火区温度高以及缺乏足够资金和先进的灭火技术，使得火灾长时间不能熄灭，不但烧毁了大量的煤炭资源，还造成大气中的有害气体严重超标，形成大范围的酸雨和温室效应。

二、外因火灾的发火原因和预防

1. 外因火灾的发火原因

（1）明火（包括吸烟、明火灯、电焊或气焊）所引起的火灾。

（2）油料（包括润滑油、变压器油、液压设备用油、柴油设备用油、维修设备用油等）运输、保管和使用所引起的火灾。

（3）瓦斯、煤尘燃烧或爆炸引起的火灾。

（4）炸药运输、保管和使用所引起的火灾。

（5）机械作用（包括摩擦、震动、冲击等）所引起的火灾。

（6）电气设备（包括动力线、照明线、变压器、电动设备等）所引起的火灾。

2. 外因火灾的主要预防措施

（1）井下严禁吸烟和使用明火。

（2）井下不准存放汽油、煤油和变压器油。

（3）井下严禁使用灯泡和电炉取暖。

（4）使用合格的安全炸药，禁止放明炮、糊炮，炮眼必须充填合格的炮泥。

（5）加强机电设备检修，使用合格电缆，保证电气设备防爆和完好。

（6）井下和井口附近进行电焊、气焊和喷灯焊接时，必须采取严格的安全防范措施。

（7）防止胶带摩擦起火。胶带输送机应具有可靠的防打滑、防跑偏、超负荷保护和轴承温升控制等综合保护系统。

三、煤炭自燃的条件和预报

1. 煤炭自燃的条件

煤炭自燃必须具备以下三个条件。

（1）煤炭具有自燃的倾向性，并呈破碎状态堆积存在。

（2）连续的通风供氧维持煤的氧化过程不断地发展。通风是维持较高氧浓度的必要条件，是保证氧化反应的前提。实验表明，氧浓度 >15% 时，煤炭氧化方可较快进行。

（3）煤氧化生成的热量能大量蓄积，难以及时散失。煤炭自燃是在风速比较适中的情况下发生的。采空区内，在风速由高变低或由低变高的区域，往往是容易发生煤炭自燃的区域。

2．煤炭自燃的早期识别和预报

（1）巷道中温度升高、湿度增加，出现雾气，在巷道两帮和支架上"挂汗"。

（2）出现煤油味、汽油味、松节油味或焦煤气味，这是自燃发火最可靠的征兆，它说明煤炭自燃已到相当程度。

（3）从煤炭自燃区流出的水和空气温度比平常明显升高，煤壁温度骤增。

（4）由于煤炭自燃时氧含量减少，二氧化碳和一氧化碳含量增加，致使作业人员出现头痛、闷热、精神疲乏、四肢无力等不舒服的现象。

但是，人体直观感觉受到很多条件限制，所以必须经常采取井下空气试样，在实验室进行化验分析，根据空气成分的变化来识别煤炭是否自燃，可以对煤的自燃进行早期预报。这是最可靠的一种手段。

四、井下灭火方法

1．直接灭火法

（1）直接挖出火源

1）火源范围小，且能直接到达。

2）可燃物温度已降至70℃以下，且无复燃或引燃其他物质的危险。

3）无瓦斯或火灾气体爆炸的危险。

4）风流稳定，无一氧化碳等中毒危险。

5）挖出的炽热物，应混以惰性物质以防复燃。

（2）用水直接灭火

用水灭火操作方便，灭火迅速、彻底，所需费用少。

1）应先从火源外围逐渐向火源中心喷射水流，以免产生大量水蒸气和灼热的煤渣飞溅，伤害灭火人员。

2）应有足够水量，以防止水在高温作用下分解成氢气和一氧化碳，形成爆炸性混合气体。

3）应保持正常通风，以使高温烟气和水蒸气直接导入回风流中。

4）用水扑灭电气设备火灾时，应先切断电源。

5）因为水比油重，故不宜用水扑灭油类火灾。

6）要经常检查火区附近的瓦斯浓度。

7）灭火人员只准站在进风侧，不准站在回风侧，以防高温烟流伤人或使人中毒。

（3）用沙子或岩粉直接灭火

用沙子或岩粉直接掩盖火源，将燃烧物与空气隔绝，使火熄灭。此外，沙子和岩粉不导电，并能吸收液体物质，因此，可以用来扑灭油类或电气火灾。

但是，当炸药发生燃烧现象时，千万不能用沙子或岩粉直接掩盖炸药，否则，由于内部压力剧增，燃烧将迅速转变为爆炸。

（4）干粉、泡沫灭火

干粉灭火就是粉末在高温作用下，发生一连串的吸热分解反应，将火灾扑灭。它对初起的外因火灾有良好的灭火效果。

灭火泡沫有空气机械泡沫和化学泡沫。高倍泡沫灭火的作用实质是增大了用水灭火的有效性，大量的泡沫被送往火源地点，起着覆盖燃烧物、隔绝空气的作用。此外，水蒸气还能降温、稀释氧浓度，具有抑制燃烧、熄灭火源的作用。这种方法灭火速度快、效果好，可以远距离操作，从而保证灭火人员的安全，灭火后恢复工作也较简单，而且成本低、水耗少、无毒无腐蚀性，因此应用范围比较广泛。

使用干粉灭火器时，要一手握住喷嘴胶管，另一手打开阀门，将干粉喷射到燃烧物上。为防止堵塞，应首先将灭火器上下颠倒数次，使药粉松动。

2. 隔绝灭火法

隔绝灭火法是在通往火区的所有巷道中构筑防火密闭墙，阻止空气进入火区，从而使火逐渐熄灭的灭火方法。

（1）隔绝灭火的条件

1）缺乏灭火器材或人员时。

2）火源点不明确、火区范围大、难以接近火源时。

3）用直接灭火的方法无效或直接灭火法对人员有危险时。

4）采用直接灭火不经济时。

（2）隔绝灭火的规定

1）在保证安全的情况下，尽量缩小封闭范围。

2）隔绝火区时，首先建造临时防火墙，经观察和气体分析表明灾区趋于稳定后，方可建造永久防火墙。

3）在封闭火区瓦斯浓度迅速增加时，为保证施工人员安全，应进行远距离的封闭火区。

4）在封闭有瓦斯、煤尘爆炸危险的火区时，根据实际情况，可先设置耐爆墙。在耐爆墙的掩护下，建立永久防火墙。沙袋耐爆墙应采用麻袋或棉布袋，不得用塑料编织袋装沙。

第四节　冒顶事故预防

冒顶事故指的是在井下建设和生产过程中，因为顶板意外冒落造成的人员伤亡、设备损坏和生产中止等事故。

煤矿冒顶事故虽然零敲碎打的情况较多，但累计起来总数却是惊人的。一是发生频率高，约占全国煤矿事故总起数的50%；二是累计死亡人数多，约占全国煤矿事故累计死亡人数的40%。

一、采煤工作面冒顶事故预防

按照发生冒顶事故的原因分析，可将采煤工作面冒顶灾害分为坚硬顶板压垮型冒顶、复合顶板摧垮型冒顶、破碎顶板漏垮型冒顶三大类，它们的防治措施也不相同。

1. 采煤工作面支架的基本性能要求

（1）支架对顶板支得起

所谓支得起，就是要求支架在其工作全过程都能够支撑住顶板所施加的压力，这里包括支撑力和可缩量两方面。

如果支架支撑力不够，支撑不了顶板压力而被损坏，就无法再支撑顶板。如果可缩量不够，适应不了顶板下沉而被损坏，也无法再支撑顶板。

（2）支架对顶板稳得住

所谓稳得住，就是要求支架具有抵抗来自层面方向推力的能力，一旦顶板要沿层面方向运动或旋转，支架能抵抗得住，不至于被推垮。有以下三种稳得住的方法。

1）支架结构本身是稳定的。

2）用初撑力大的支柱。

3）按推垮型冒顶所需支护的初撑力校验支架的排距和柱距。

（3）支架对顶板护得好

直接顶内可能存在着各种原生裂隙、构造裂隙和采动裂隙。所以，对顶板既要支又要护。所谓护得好，有两方面含义。

1）要求采煤工作面支架能够控制住工作空间的顶板，使其一点都不冒落。

2）应保证回柱工人在有支护的地点进行工作。既护顶，又护人，两者缺一不可。

2．坚硬顶板压垮型冒顶

坚硬难冒顶板指的是直接顶岩层比较完整、坚硬（固），回柱或移架后不能立即垮落的顶板。一般为砂岩、砾岩和石灰岩。

坚硬难冒顶板采煤工作面顶板来压时强度大，造成单体支柱折断、液压支架工作面来压强度比单体支柱工作面还要大，常出现支柱活柱变形、弯曲裂开、缸体胀裂和底座变形等，严重时可使高吨位液压支架缸体发生爆炸。

坚硬顶板压垮型冒顶指的是采空区内大面积悬露的坚硬顶板在短时间内突然塌落，将工作面压垮而造成的大型顶板事故。

【案例】1961 年 10 月 22 日 11 时，山西省大同矿务局挖金湾矿青羊湾井发生一起大面积顶板冒落事故。

该井 14 层煤 404 盘区 832 采煤工作面，采用房柱式开采，在回收房间煤柱工作时，顶板响动遍及整个盘区，响声异常，将工人撤出盘区，半小时后大面积顶板突然冒落。

造成地面塌陷面积12.8万米^2，深达1米。地表对应采区出现7条宽为0.2~0.5米、长为102~360米的大裂缝。顶板冒落时产生巨大暴风，造成18人死亡、1人重伤、18人轻伤；摧毁密闭9座、风桥2座、支架90多架及井下变电所墙。巷道高度由4米变为2米，煤壁片帮使巷道宽度增大为6~7米。碎煤将皮带全部埋住，全井通风运输系统严重破坏，被迫停产16天，影响产量8 000余吨。

（1）坚硬难冒顶板冒顶的预兆

1）工作面煤壁片帮或刀柱煤柱炸裂，并伴有明显的响声。"煤炮"增多，工作面和顺槽都出现"煤炮"，甚至每隔5~6分钟就响一次。

2）由于煤体内支承压力的作用，煤层中的炮眼变形，打完眼不能装药，甚至连煤钻杆都不能拔出。

3）可听到顶板折断发出的闷雷声。发出声响的位置由远及近，由低到高，地音仪收到的岩石开裂声频显著增加。

4）顶板下沉急剧加速。顶板和采空区有明显的台阶状断裂、下沉和回转，垮落岩块呈长条状。

5）顶板有时出现裂隙和淋水，局部地鼓，断层处滴水增大，有时钻孔水混有岩粉。

6）来压时支架压力剧增，支载系数可达3.0倍以上，且液压支架后柱阻力远大于前柱阻力，常伴有指向煤壁的水平拉力。

7）微震仪记录有较多的岩体破裂与滑移的波形，也可记录到小的顶板冒落。

（2）坚硬难冒顶板事故的预防方法

1）提前强制炸落顶板

①地面深孔炸落放顶。在采空区悬顶区上方相对应的地面向地下打钻至采空区顶板，然后进行扩孔和大药量爆破，崩落悬顶区处的顶板。

②刀柱采煤采空区强制放顶。在刀柱的一侧向采空区顶板打钻孔，钻孔沿垂直工作面方向布置。

③平行于工作面长钻孔强制放顶。在本采煤工作面前方未采动煤层上方顶板打平行工作面的长钻孔，煤层开采后，在采空区内装药爆破；也有的在煤层采动前爆破，对煤层顶板进行预裂。

④垂直于工作面钻孔强制放顶。在采煤工作面垂直于工作面方向，向采空区顶板钻眼爆破。

2）灌注压力水处理坚硬难冒顶板

通过钻孔向顶板灌注压力水，能有效软化和压裂顶板，提高放顶效果。为了提高处理效果，有的灌注盐酸溶液。

①超前工作面预注水。在工作面采煤前，超前工作面一定距离进行顶板注水。

②分层注水。根据顶板组合情况，针对不同岩性和结构条件，分别进行单层或单层混合注水。

③采空区注水。采空区上方的顶板尚未冒落时，通过位于采空区上方的注水孔向顶板注水。

④工作面应力集中区注水。在注水孔预注水之后，当注水孔进入应力集中区时，再次向顶板注水。

3）其他安全技术措施

①合理选择支架类型。为了减少顶板的离层，降低顶板对支架的冲击力，应尽量选用高初撑力的液压支架，一般采用垛式液压支架，它具有支护强度高、切顶能力强，并装有大流量安全阀等特点。

②控制采空区悬顶面积。作业规程中要明确规定正常采煤过程中允许的悬顶面积，超过规定时必须停止采煤作业，强制放顶。

③合理选择采煤方法。如果上部煤层采用刀柱采煤方法，则下部煤层尽可能采用全部垮落法处理采空区，以破坏上部煤层开采过程中遗留于采空区的煤柱，避免出现应力集中区。

④留设隔离煤柱。使用刀柱法采煤时，应留设较大尺寸的煤柱将采空区进行分离，使顶板发生大面积来压和冒顶时，以大煤柱为界分隔开来，一般隔离煤柱应为 15～20 米。

⑤设置专用暴风路线。在顶板冒落时产生暴风可能危及的区域，布置永久密闭墙、临时密闭及专用风道，以控制暴风流经路

线，使暴风不得进入有人作业的区域。

⑥预测预报。在顶板大面积来压和冒落以前，搞好预测预报，采取紧急有效的措施，以确保作业人员的生命安全。

3. 复合顶板摧垮型冒顶

复合顶板指的是由厚度为 0.5~2.0 米的下部软岩及上部硬岩组成，且它们之间存有煤线或薄层软弱岩层的顶板。

复合顶板摧垮型冒顶指的是采煤工作面由于位于顶板下部岩层下沉，与上部岩层离层，支架处于失稳状态，遇外力作用倾倒而发生的顶板事故。

（1）复合顶板摧垮型冒顶的条件

1）离层。由于支柱的初撑力小、刚度差，在顶板下位软岩自重作用下，支柱下缩或下沉，而顶板上位硬岩未下沉或下沉缓慢，从而导致软硬岩层不同步下沉而形成离层。

2）断裂。由于裂隙的作用，顶板下位软岩形成一个六面体。此六面体上部与硬岩脱离，下部由单体支柱支撑，形成一个不稳定的结构。

3）去路。当六面体出现一个自由空间，便有了去路，如果倾斜下方冒空，此去路更加畅通。

4）推力。当六面体由于自重作用使向下的推力大于岩层面的摩擦阻力时，就会发生摧垮型冒顶。

5）诱发。当工作面爆破、割煤、调整支架或回柱放顶时，引起周围岩层震动，使六面体与断裂岩层面阻力变小，导致六面体下推力大于总阻力，诱发冒顶事故。

【案例】2013 年 8 月 4 日 18 时 55 分，贵州省黔西南州贞丰县挽澜乡小河沟煤矿发生冒顶事故，造成 3 人死亡，直接经济损失达 848 万元。

事故直接原因：13 062 采煤工作面处于初次放顶期间，支护密度、强度不够，底板松软造成支柱稳定性差、初撑力达不到要求，支柱卸压造成直接顶离层，局部失稳造成大面积摧垮型冒落，导致事故发生。

（2）复合顶板事故的预防方法

1）严禁仰斜开采。仰斜开采使顶板产生向采空区的下推力，顶板连同支架向采空区倾倒，形成了"出路"条件。

2）掘进采煤工作面下平巷禁止破坏顶板。顶板破坏后，六面体失去阻力，仅依靠岩层面摩擦阻力是难以控制六面体下推的。

3）工作面初采时禁止反向推进。开切眼的顶板由于时间较长已经离层断裂，在反向推进时，由于初次放顶，极易诱发原开切眼处冒顶。

4）提高支架的稳定性。使用拉钩式连接器将工作面支架上下连接起来；也可以加钺柱、斜撑抬板，以抵抗六面体的下推力。

5）增加单体支柱的初撑力和刚度。采煤工作面推广使用液压支架，可以增加支护的初撑力和稳定性，防止冒顶事故的发生。

4. 破碎顶板漏垮型冒顶

破碎顶板指的是顶板岩层强度低、节理裂隙十分发育、整体性差和自稳能力低，并在工作面控顶区范围内维护困难的顶板。

破碎顶板漏垮型冒顶指的是采煤工作面某个地点由于支护失效而发生局部漏冒，破碎顶板从该处开始沿工作面往上全部漏完，造成支架失稳而发生的顶板事故。

【案例】2014年5月11日11时20分，黑龙江省双鸭山矿业集团有限公司安泰煤矿发生一起较大冒顶事故，死亡3人，受伤1人，直接经济损失达167.28万元。

事故直接原因：在处理-350米标高水平中央区15#煤层右三面皮带道断层冒落区域工字钢棚时，没有采取可靠措施，顶板破碎岩石冒落导致事故发生。

（1）破碎顶板冒顶的原因

1）破碎顶板允许暴露时间短、暴露面积少，常因采煤机割煤或放炮后，机（炮）道得不到及时支护而发生局部漏顶现象。

2）初次来压和周期来压期间，破碎顶板容易和上覆直接顶或坚硬老顶离层而垮落。

3）由于工作面压力加大，将支架间上方的背顶材料压折造成漏顶现象。

4）金属铰接顶梁与顶板摩擦阻力小，在顶板来压时容易被摧倒而发生冒顶。

5）在破碎顶板条件下，支柱的初撑力往往很低，容易造成早期下沉离层、自动倒柱或人员、设备碰撞倒柱，顶板丧失了支撑物而冒落。

（2）破碎顶板冒顶的预防方法

预防破碎冒顶事故主要有以下方法。

1）减小顶板暴露面积和缩短顶板暴露时间

①单体支柱采煤工作面

a. 及时挂梁或探板，及时打柱。

b. 顶板和煤壁插背严实。

c. 减小放炮对顶板的震动破坏。不放顶炮，底炮要稀且少装药，一次同时放炮的炮眼要少。

d. 在工序安排上，回柱放顶、放炮和割煤三大工序要相互错开 15 米以上的距离，以减少它们对顶板的叠加作用。

②综采工作面

a. 应选择并使用液压支架护帮板和伸缩梁。

b. 采用带压移压方法，防止顶板因反复支撑变得更加破碎，甚至冒落。

c. 采用液压支架顶梁带板或超前架棚的方法支护顶板。

d. 铺金属顶网或塑料顶网，以防破碎顶板由架间冒落。

2）选择合理的开采方法

①尽量选择无煤柱开采，以避免残留煤柱的高应力集中。

②工作面初采时，不能推采开切眼的另一侧煤柱。

③工作面要尽可能布置成俯斜方向，避免仰斜开采，掘进上下平巷时要避免挑顶。

④合理选择支护形式，尽量采用错梁直线柱形式。提高单体液压支柱的初撑力和初始工作阻力。

3）采用化学加固顶板技术

目前，国内外煤矿广泛应用化学加固技术控制破碎顶板和填充冒落空间。这种方法操作简单、效果显著，常在综采工作面推采中遇到断层等破碎带时使用。

4）特殊条件下破碎顶板支护技术

采掘工作面推过断层、褶曲等地质构造带、采空区、老巷道和石门时，往往出现顶板破碎、倾角变化、煤层变软、淋水增大、压力加大等不良情况，必须针对具体条件制定专门的安全技术措施，确保不发生破碎顶板漏垮型冒顶事故。

二、掘进工作面冒顶事故预防

掘进工作面冒顶事故主要发生在掘进工作面迎头处、锚杆支护处、巷道维修更换支架处、巷道交叉处和地质变化处。

【案例】2013 年 7 月 26 日，黑龙江省龙煤矿业集团七台河分公司新铁煤矿发生一起冒顶事故，造成 2 人死亡。该矿为国有重点煤矿，生产能力为 120 万吨/年。

事故原因：六采区 57 号层右八片全煤上山掘进工作面（开切眼）距下巷 112 米处在进行压力注水预裂煤壁时，发生煤体涌出，将现场指挥的带班矿总工程师等 2 人掩埋，导致死亡。

事故暴露出以下问题：一是现场安全管理不到位。带班矿总工程师违章指挥，未执行新铁煤矿 57 号层右八片跳面上山注水措施的规定，在工作面注水期间没有在迎头架设挡矸板，注水时没有将人员撤到躲避硐室内或撤至下巷。二是技术管理不到位。未按照《煤矿安全规程》的规定对注水预裂煤壁工艺进行安全论证。三是安全教育不到位。现场作业人员安全意识淡薄，自我保护意识差。

1. 掘进工作面迎头处冒顶事故的预防

掘进工作面迎头支架架设时间短、初撑力小，容易被放炮崩倒；人员经常在未支架地方进行作业，同时受到地质构造变化影响，所以，掘进工作面迎头处是冒顶多发部位。

（1）根据掘进工作面顶板的岩性，严格控制空顶距，坚持使用超前支护，严禁空顶作业。

（2）严格执行敲帮问顶制度。

（3）支架间应设牢固的撑木或拉杆。支架与顶帮之间的空隙必须插严背实。

（4）支架必须架设牢固。可缩性金属支架应使用力矩扳手拧紧卡缆。

（5）在掘进迎头往后 10 米范围内，爆破前必须加固支架，必须待崩倒、崩坏的支架修复好后，人员方可进入工作面作业。

（6）合理布置炮眼和装药量，以防崩倒支架或崩冒顶板。

（7）在地质构造带顶板破碎、压力大处要适当缩小棚距，必要时还要加打中柱。

（8）采用锚杆支护形式时，要合理选择锚杆间、排距；科学选用锚杆支护材料和提高施工质量，以确保提高锚杆的锚固力。

（9）采用喷射混凝土支护形式时，要保证一次喷射厚度大于 50 毫米。对于超过 100 毫米的喷射厚度应分层喷射，其间隔时间在 2 小时以上。

（10）在掘进过程中，遇到地质条件发生变化，必须根据具体情况制定专门的安全技术措施，确保不发生顶板灾害。

2. 锚杆支护煤巷冒顶的原因及预防

锚杆支护煤巷冒顶主要由 15 种原因引起。

（1）非稳定岩层变厚，超过锚杆（索）长度。非稳定岩层有泥岩、砂质泥岩、泥质胶结的粉砂岩和煤层。

（2）稳定岩层变薄，引起冒顶。

（3）顶板一定范围内出现软弱夹层，引起冒顶。

（4）顶板出现小断层，因支护不当引起冒顶。

（5）巷道附近出现隐含小断层，引起冒顶。

（6）岩层节理发育极易导致大规模的楔形冒落。

（7）围岩出现镶嵌型结构，引起冒顶。

（8）高地应力引起冒顶。

（9）二次采动或未充分冒落的区域产生的挤压、压力过载等次生应力引起冒顶。

（10）地下水引起的冒顶。

（11）空气中的水分对顶板的软化引起冒顶。

（12）未及时支护引起冒顶。

（13）"三径匹配"不合理引起冒顶。

（14）偷工减料引起冒顶。

（15）锚固剂失效引起冒顶。

所以，及时探测岩层厚度及其位置的变化，发现劣化的岩层组合，进而修改设计，提高锚杆支护操作质量，采取有效措施加固顶板，是防治煤巷锚杆支护冒顶事故的最佳途径。

【案例】2012年5月20日，辽宁省沈阳焦煤有限责任公司清水二井煤矿，南二采区07工作面运输顺槽掘进时采用锚杆、锚索挂网喷浆支护，但锚索支护不及时。因遇到地质构造带顶板压力增大，原有支护方式强度不够，该矿决定采用架棚（架设36U型钢可缩支架）方式加强支护，但施工时未采取有效的安全技术措施，发生大面积冒顶，造成12人被困，其中3人获救、9人死亡。

3. 巷道维修、更换支架处冒顶事故的预防

在进行巷道维修、更换支架时，必须注意做到"五先五后"，确保不发生冒顶事故。

（1）先外后里。先检查巷道维修、更换支架地点以外5米范围内支架的完整性，有问题先处理。如巷道一段范围失修，坚持先维修外面的，再逐渐向里维修。

（2）先支后拆。更换巷道支架时，先加打临时支护或架设新支架，再拆除原有支架。

（3）先上后下。倾斜巷道维修、更换支架时，应该由失修范围的上端向下端依次进行，以防矸石、物料滚落和支架歪倒砸人。

（4）先近后远。一条巷道内有多处失修，必须先维修离安全出口较近的一处，再逐渐向前维修离安全出口远的一处，以避免维修时发生冒顶将人员堵在里面。

（5）先顶后帮。在维修、更换巷道支架时，必须注意先维护、支撑好顶板，再护好两帮的顺序，以确保维修人员的安全。

4. 巷道交叉处冒顶事故的预防

巷道交叉处的控顶面积大、支护复杂、矿山压力集中，是预防巷道冒顶的重点部位。

（1）开岔口应尽可能避开原来巷道冒顶范围、废弃巷道和硐室。

（2）巷道交叉处必须采用安全可靠的支护形式和支护材料，保证其支护强度。

（3）必须在开口棚支设稳固后，再拆除原巷道棚腿。

（4）当开口处围岩尖角被压坏时，应及时采取加强抬棚稳定性措施。

（5）抬棚上顶空洞必须堵塞严实。空洞高度较大时，必须码木垛接顶。在码木垛时，作业人员应站在安全地点并确保退路畅通，还应设专人观察顶帮的变化。

5. 地质变化处冒顶事故的预防

在地质变化处、层理裂隙发育区、压力异常区、分层开采下分层掘巷以及维修老巷等围岩松散破碎区容易发生巷道冒顶事故。此类事故隐患比较明显，同时也最容易由较小的冒落迅速发展为较大面积的高拱冒落。

（1）炮掘工作面采用对围岩震动较小的掏槽方法，控制装药量及放炮顺序。

（2）根据不同情况，采用超前支护、短段掘砌法、超前导硐法等少暴露破碎围岩的掘进和支护工艺，缩短围岩暴露时间，尽快将永久支护紧跟到迎头。

（3）在围岩松散、破碎的地点掘进巷道时要缩小棚距，加强支架的稳固性。

（4）积极采用围岩固结及冒落空间充填新技术。对难以通过的破碎带，采用注浆固结或化学固结新技术。对难以用常规木料充填的冒落空洞，采用水泥骨料、化学发泡、金属网构件或气袋等充填新技术。

（5）分层开采时，回风顺槽及开切眼要放好顶网，坚持注水或注浆，提高再生顶板质量，避免出现网上空洞区。遇有网兜、网下沉、破网或网上空洞区，必须采取措施处理后，再往前掘进。

（6）在斜巷及立眼维修时，必须架设安全操作平台，加固眼内支架，保证行人及煤矸溜放畅通。在老巷道利用旧棚子套改抬棚时，必须先打临时支柱或托棚。

三、冲击地压事故预防

冲击地压，又称岩爆，指的是井巷或工作面周围岩体，由于弹性变形能的瞬时释放而产生突然剧烈破坏的动力现象，常伴有煤岩体抛出、巨响及气浪等现象，具有很大的破坏性。

【案例】2011 年 11 月 3 日，河南省义马煤业集团股份有限公司千秋煤矿 21221 下巷掘进工作面发生一起重大冲击地压事故，巷道发生严重的挤压垮冒，将正在该巷作业的矿工封堵或掩埋其中，造成 10 人死亡。

1. 冲击地压的预报

开采冲击地压煤层时，冲击的危险程度和采取措施后的实际效率，可采用钻粉率指标法、地音法、微震法等方法确定。

（1）钻粉率指标法

钻粉率指标法，又称为钻粉率指数法，或钻孔检验法。它是用小直径（42~45 毫米）钻孔，根据打钻不同深度时排出的钻屑量及其变化规律来判断岩体内应力集中的情况，鉴别发生冲击地压的倾向和位置。在钻进过程中，在规定的防范深度范围内，出现危险煤粉测量值或钻杆被卡死的现象，则认为具有冲击危险，应采取相应的解危措施。

（2）地音、微震监测法

岩石在压力作用下发生变形和开裂破坏过程中，必然以脉冲形式释放弹性能，产生应力波或声发射现象。这种声发射又称为地音。显然，声发射信号的强弱反映了煤岩体破坏时的能量释放过程。由此可知，地音监测法的原理是用微震仪或拾震器连续或间断地监测岩体的地音现象。根据测得的地音波或微震波的变化规律与正常波进行对比，判断煤层或岩体发生冲击的倾向度。

（3）工程地震探测法

用人工方法造成地震，探测这种地震波的传播速度，编制出波速与时间的关系图，波速增大段表示有较大的应力作用，结合地质和开采技术条件分析、判断发生冲击地压的倾向度。

（4）电磁辐射仪监测法

煤岩电磁辐射监测的原理是：利用电磁辐射仪接收采掘生产过程中煤岩体在矿压作用下产生、发射电磁辐射的信号，即监测到的电磁辐射强度能反映出煤岩体内部应力的变化尺度及破坏程度的特征信息。煤（岩）体受载变形破裂过程中向外辐射电磁能量的一种现象，与煤岩体的变形破裂过程密切相关，电磁辐射信息综合反映了冲击地压、煤与瓦斯突出等煤岩灾害动力现象的主要影响因素。电磁辐射强度主要反映了煤岩体的受载程度及变形破裂强度，脉冲数主要反映了煤岩体变形及破裂的频次。

2. 开采有冲击地压煤层时应注意的问题

（1）开采有冲击地压的煤层，必须编制设计方案，报集团公司、矿总工程师批准。

（2）开采有冲击地压危险煤层的工作人员，都必须接受有关防治冲击地压基本知识的教育培训，了解冲击地压发生的原因、条件和征兆以及应急措施，熟悉发生冲击地压时规定的撤人路线。

（3）每次发生冲击地压后，必须组织人员到现场进行调查，记录好发生前的征兆、发生经过、有关数据及其破坏情况，并制订恢复工作的防治措施，报矿务局（公司）、矿总工程师批准。

（4）有严重冲击地压煤层在开拓时，应在岩层或无冲击地压的煤层中掘进集中巷道。开采时，在采空区不得留有煤柱。永久硐室不得布置在有冲击地压的煤层中。

（5）开采煤层群时，首先开采无冲击地压或弱冲击地压煤层作为保护层，开采保护层后，在被保护层中确实受到保护的地区，可按无冲击地压煤层进行采掘工作。在未受保护的地区，必须采取放顶卸压、煤层注水、打卸压钻孔、超前爆破松动煤体或其他防治措施。

（6）开采有冲击地压煤层时，冲击危险程度和采取措施后的实际效果，都可采用钻屑法、地音法、微震法或其他方法确定。对有冲击地压危险的煤层，可根据预测预报等实际考察资料和积累的数据，划分煤层的冲击地压危险程度等级，以便按其等级制定冲击地压的综合防治措施。

（7）开采有冲击地压的煤层，应用垮落法控制顶板，并提高切顶支架的工作阻力，采空区中所有支柱必须回净。

（8）有冲击地压的煤层中，在 1 个或相邻的 2 个采区中，同一煤层的同一分阶段，在应力集中的影响范围内，不得布置 2 个工作面同时相向或向背回采。如果 2 个工作面相向掘进，在相距 30 米时，必须停止其中一个掘进工作面，以免引起严重冲击危险；停产 3 天以上的采煤工作面，恢复生产的前一班，应鉴定冲击地压的危险程度，以便采取安全措施。

（9）严重冲击地压的煤层中，采掘工作面的爆破撤人距离和爆破后进入工作面的时间，必须在作业规程中明确规定。

第五节　井下透水事故防治

凡影响、威胁矿井安全生产、使矿井局部或全部被淹没并造成人员伤亡和经济损失的矿井涌水都称为矿井透水事故。

2002 年至 2012 年期间，全国煤矿共发生特别重大透水事故 9 起、死亡 426 人，分别占同期特别重大事故总起数的 14.8% 和死亡人数的 12.3%。

【案例】2014 年 4 月 7 日，云南省曲靖市麒麟区东山镇下海子煤矿非法越界开采陆东煤矿三号井保安煤柱，掘进工作面不进行探放水作业，冒险蛮干，放炮贯通采空区积水，诱发透水事故，造成 21 人死亡，1 人下落不明。

一、矿井透水条件

矿井透水事故的基本条件是具有丰富的水源、畅通的通道和足够的强度，称为水灾事故三要素。

1. 矿井水来源

（1）地表水源

地表水源主要有降雨和下雪，以及地表上的江河、湖泊、沼泽、水库和洼地积水等。它们在一定条件下都可能通过各种通道进入矿井，形成透水事故，同时还可能成为地下水的补给水源。

（2）地下水源

1）老窑水。废弃的小煤窑、旧井巷和采空区的积水叫作老窑水。老窑水一般静压大，积水多时，常带出大量有害气体，危害性很大。

2）含水层水。煤系地层中的流沙层、砂岩层、砾岩层等，有丰富的裂隙可以积存水。

3）断层水。断层面上往往形成松散的破碎带，具有裂隙和孔洞，里面常有积水。

4）岩溶陷落柱水。石灰岩层长期受地下水侵蚀，形成溶洞。由于重力作用和地壳运动，上部的煤（岩）失去平衡而垮落，使煤系地层形成陷落柱，柱内充填物常有积存水。

5）钻孔水。在煤田地质勘探时打的钻孔，如果封闭不良，孔内常有积存水。

2. 矿井充水通道

（1）天然充水通道

矿井天然充水通道主要包括点状岩溶陷落柱、线状断裂（裂隙）带、窄条状隐伏露头、面状裂隙网络（局部面状隔水层变薄或尖灭）和地震裂隙等。

（2）人为充水通道

矿井人为充水通道包括顶板冒落裂隙带、底板矿压破坏带、地面岩溶塌陷带和封孔质量不佳的钻孔等。

3. 矿井充水强度

在煤矿生产中，把地下水涌入矿井内水量的多少称为矿井充水强度。将矿井充水强度划分为以下四个等级。

（1）充水性弱的矿井。

（2）充水性中等的矿井。

（3）充水性强的矿井。

（4）充水性极强的矿井。

二、矿井透水的预兆和危害

1. 矿井透水的预兆

发现以下透水预兆时，必须停止作业，采取措施，立即报告矿调度室，发出警报，撤出所有受水害威胁地点的人员。查清突水预兆发生的原因，并排除透水隐患。在原因未查清、隐患未排除之前，不得进行任何采掘活动。

（1）煤壁"挂红"。这是因为矿井水中含有铁的氧化物，渗透到采掘工作面后呈暗红色水锈。

（2）煤壁"挂汗"。采掘工作面接近积水时，水由于压力渗透到采掘工作面，形成水珠，特别是新鲜切面潮湿明显。

（3）空气变冷。采掘工作面接近积水时，气温骤然降低，煤壁发凉，人一进去就有阴凉的感觉，时间越长越明显。

（4）出现雾气。当巷道内温度较高，积水渗透到煤壁后，引起蒸发，形成雾气。

（5）"嘶嘶"水叫。井下高压水向煤（岩）裂隙强烈挤压，两壁摩擦而发出"嘶嘶"水叫声，这种现象说明即将突水。

（6）底板鼓起。底板受承压水（或积水区）作用，产生鼓起、裂缝，或出水等现象。

（7）水色发浑。断层水和冲积层水常出现淤泥、砂，水浑浊，多为黄色。

（8）出现臭味。老窑水一般可闻到臭鸡蛋味，这是因为老窑中的有害气体增加所致。

（9）顶水加大。这是因为顶板裂隙加大，积水渗透到顶板上，使淋水增加。

（10）片帮冒顶。这是由于顶板受承压含水层（或积水区）作用的结果。

（11）在打钻时，出现钻孔水量、水压加大，甚至出现顶钻或水从钻孔中喷出现象。

2. 矿井透水的危害

（1）透水时造成巷道被淹、矿山机电设备被淹，甚至淹没采掘工作面、采区或矿区，矿井停产，严重时毁坏整个矿井，给煤矿资源财产带来巨大损失。

（2）矿井透水后，躲避不及时会使现场人员被淹溺而死，或者将人员围困在井下，时间一长，因缺少氧气和食品而出现人员死亡。

（3）矿井发生老空区透水，聚积在老空区内的瓦斯和硫化氢随之涌出。涌出的瓦斯若达到爆炸浓度，遇火源会发生瓦斯爆炸；人呼吸了剧毒的硫化氢，就会中毒死亡。

（4）为了预防透水，矿井必须留设防隔水煤柱，造成矿井回采率降低，严重地影响煤炭资源的开发利用或打乱正常采掘生产程序。

（5）矿井透水后要加大排水能力，将增加排水费用，提高开采成本；同时使地下水位大幅度下降，影响人民的正常生活。

（6）大量抽排矿井涌水，将破坏地表自然环境，甚至造成民房倒塌、农田塌陷、河流中断和交通破坏等。

【案例】2014年8月14日，黑龙江省鸡西市城子河区安之顺煤矿在井下设备回撤期间违法组织生产，打通老空区积水，发生透水事故，造成16人死亡。该矿为私营煤矿，2014年7月，城子河区人民政府决定将该矿井于9月30日前实施关闭，7月15日，由城子河区煤管局批准开始回撤井下设备，但该矿以此为名，违法组织生产。该矿冒险蛮干，漠视矿工生命。这次事故地点在一周之前曾经发生过透水，煤矿企业没有采取有针对性的安全措施和分析查找透水原因，退后10米继续掘进，违法组织生产造成透水。

三、煤矿防治水原则和措施

1. 煤矿防治水十六字原则

（1）"预测预报"是水害防治的基础，是指在查清矿井水文地质条件的基础上，运用先进的水害预测预报理论和方法，对矿井水害做出科学分析判断和评价。

（2）"有疑必探"是指根据水害预测预报评价结论，对可能构成水害威胁的区域，采用物探、化探和钻探等综合探测技术手段，查明或排除水害。

（3）"先探后掘"是指先综合探查，确定巷道掘进没有水害威胁后，再掘进施工。

（4）"先治后采"是指根据查明的水害情况，采取有针对性的治理措施，排除水害隐患后，再安排采掘工程，如井下巷道穿越导水断层时，必须预先注浆加固，方可掘进施工，防止突水造成灾害。

2. 煤矿防治水五项治理措施

（1）"防"主要指合理留设各类防隔水煤（岩）柱和修建各类防水闸门或防水墙等，防隔水煤（岩）柱一旦确定后，不得随意开采破坏。

（2）"堵"主要指注浆封堵具有突水威胁的含水层或导水断层、裂隙和陷落柱等通道。

（3）"疏"主要指探放老空水和对承压含水层进行疏水降压。

（4）"排"主要指完善矿井排水系统，排水管路、水泵、水仓和供电系统等必须配套。

（5）"截"主要指加强地表水（河流、水库、洪水等）的截流治理。

3. 地面水害的预防措施

（1）防止井口灌水。井口位置标高必须位于当地历年洪水位以上，这样可以防止暴雨山洪发生时雨水直接灌入井下。

（2）防止地表渗水。井田范围内的河流等地表水，应尽可能将其改道；低洼地点的积水进行排干等，以消除对井田渗水的威胁。

（3）加强防洪工作。矿井应在雨季到来前对地面防水工程进行全面检查，发现问题及时解决，同时制定雨季防水措施，组织抢险队伍，储备足够的防洪物资。

（4）及时撤出人员。当发现暴雨洪水灾害严重，可能引发淹井的紧急情况时，应当立即撤出作业人员到安全地点。经确认隐患完全消除后，方可恢复生产。

4. 井下水害的预防措施

（1）掌握水情。观测各种地下水源的变化，掌握地质构造位置及水文情况和小煤窑开采分布范围。

（2）疏放降压。在受水害威胁和有透水危险的矿井或采区进行专门的疏水工程，有计划有步骤地将地下水进行疏放，达到安全开采水压。

（3）探水放水。矿井必须做好水害分析预报，坚持"有疑必探、先探后掘"。

（4）留设防隔水煤（岩）柱。对于各种水源，在一般情况下，都应采取疏干或堵塞其入井通道，彻底解决水的威胁。但有时这样做不合理或不可能，因此需要留设一定宽度的煤（岩）柱来截住水源。

（5）注浆堵水。将水泥、砂浆等堵水材料，通过钻孔注入渗水地层的裂隙、渗洞、断层破碎带，待其凝固硬化，将涌水通道充填堵塞，起到防水作用。

（6）防水设施。在井下巷道适当地点留设防水闸门或预留防水墙的位置，在水害发生时使之分区隔离、缩小灾情和控制水害范围，确保矿井安全。

四、探放水

1. 探放水及其规定

井下探放水指的是矿井在开采过程中采用超前勘探方法，查明采掘工作面顶底板、两帮和前方的含水构造的具体位置和产状等，并将水体中的积水疏放出来。

矿井采掘工作面探放水应当采用钻探方法，由专业人员和专职探放水队伍使用专用探放水钻机进行施工。同时应当配合其他方法（如物探、化探和水文地质试验等）查清采掘工作面及周边老空水、含水层富水性以及地质构造等情况，确保探放水的可靠性。在地面无法查明矿井全部水文地质条件和充水因素时，应当采用井下钻探方法，按照有掘必探的原则开展探放水工作，确保探放水的效果。

2. 探放水的条件

采掘工作面遇有下列情况之一时，应当立即停止施工，确定探放水线，由专业人员和专职队伍使用专用钻机进行探放水，经确认无水害威胁后，方可施工。

（1）接近水淹或可能积水的井巷、老空或相邻煤矿时。

（2）接近含水层、导水断层、溶洞和导水陷落柱时。

（3）打开隔离煤柱放水时。

（4）接近可能与河流、湖泊、水库、蓄水池、水井等相通的断层破碎带时。

（5）接近有出水可能的钻孔时。

（6）接近水文地质条件不清的区域时。

（7）接近有积水的灌浆区时。

（8）接近其他可能突水的地区时。

3. 探放水作业的安全要点

（1）加强钻孔附近的巷道支架，背好顶帮，在工作面迎头打好坚固的立柱和拦板，并清理巷道浮煤，挖好排水沟。探水钻孔位于巷道低洼处时，配备与探放水量相适应的排水设备。

（2）在打钻地点或其附近安设专用电话，保持人员撤离通道畅通。

（3）依据设计，确定主要探水孔位置时，由测量人员进行标定。负责探放水工作的人员亲临现场，共同确定钻孔的方位、倾角、深度和钻孔数量。

（4）在探放水钻进时，发现煤岩松软、片帮、来压或者钻眼中水压、水量突然增大和顶钻等透水征兆时，应当立即停止钻进，但不得拔出钻杆。现场负责人员应当立即向矿井调度室汇报，立即撤出所有受水威胁区域的人员到安全地点。然后采取安全措施，派专业技术人员监测水情并进行分析，妥善处理。

（5）在预计水压大于0.1兆帕的地点探水时，预先固结套管。套管口安装闸阀，套管深度在探放水设计中规定。预先开掘安全躲避硐，制定包括撤人的避灾路线等安全措施，并使每个作业人员了解和掌握。

（6）钻孔内水压大于 1.5 兆帕时，应当采用反压和有防喷装置的方法钻进，并制定防止孔口管和煤（岩）壁突然鼓出的措施。

（7）井下探放水应当使用专用钻机，由专业人员和专职队伍进行施工。严禁使用煤电钻等非专用探放水设备进行探放水。探放水工应当按照有关规定，经培训合格后持证上岗。

（8）探水钻孔除兼作堵水或者疏水用的钻孔外，终孔孔径一般不得大于 75 毫米。

（9）钻孔放水前，应当估计积水量，并根据矿井排水能力和水仓容量，控制放水流量，防止淹井。放水时，应当设有专人监测钻孔出水情况，测定水量和水压，做好记录。如果水量突然变化，应当立即报告矿调度室，分析原因，及时处理。

（10）探放老空水前，应当首先分析查明老空水体的空间位置、积水量和水压等。探放水应当使用专用钻机，由专业人员和专职队伍进行施工，钻孔应当钻入老空水体最底部，并监视放水全过程，核对放水量和水压等，直到老空水放完为止。探放水时，应当撤出探放水点以下部位受水害威胁区域内的所有人员。钻探接近老空水时，应当安排专职瓦斯检查员或者矿山救护队员在现场值班，随时检查空气成分。如果瓦斯或者其他有害气体浓度超过有关规定时，应当立即停止钻进，切断电源，撤出人员，并报告矿井调度室，及时采取措施进行处理。

复习思考题

1. 煤矿五大灾害指的是什么？
2. 瓦斯密度是多少？
3. 瓦斯涌出量有哪几种计算单位？
4. 矿井瓦斯等级划分为哪几级？
5. 瓦斯爆炸必须同时具备哪几个条件？

6. 瓦斯爆炸有什么危害？

7. 简述预防瓦斯爆炸的措施。

8. 煤尘爆炸的条件是什么？

9. 什么是防止煤尘爆炸的根本措施？

10. 什么叫内因火灾？

11. 简述用水直接灭火的注意事项。

12. 煤矿冒顶事故有什么特点？

13. 采煤工作面支架的基本性能要求是什么？

14. 掘进工作面冒顶事故主要发生在什么地方？

15. 矿井透水事故的基本条件是什么？

16. 简述矿井透水的预兆。

17. 在探放水钻进时，发现透水征兆应当怎么办？

第五章　露天煤矿安全开采

采掘空间直接敞露于地表的煤矿称为露天煤矿。为了采煤需剥离煤层上覆及其四周的土岩，所以，露天煤矿开采是采煤和剥离两部分作业的总称。

第一节　露天煤矿开采概述

一、露天煤矿开采的生产工艺环节

露天煤矿开采的工艺环节分主要生产环节和辅助生产环节两类。

1. 主要生产环节

（1）煤岩预先松碎。采掘设备的切割力是有限度的，除软岩可以直接采掘外，对中硬以上的煤岩必须进行预先松碎后方能采掘。

（2）采装。利用采掘设备将工作面煤岩铲挖出来，并装入运输设备（汽车、铁道、车辆、输送机）的过程。

（3）运输。采掘设备将煤岩装入运输设备后，煤被运至卸煤站或选煤厂，土岩运往指定的排土场。

（4）排土和卸煤。土岩按一定程序有计划地排弃在规定的排土场内，煤被卸至选煤厂或卸煤站。

2. 辅助生产环节

辅助生产环节包括：①动力供应；②疏干及防排水；③设备维修；④线路修筑、移设和维修；⑤滑坡清理及防治等。

露天采矿场的构成要素如图5—1所示。

二、露天煤矿开采的优缺点

露天开采与地下开采相比较，有以下优缺点。

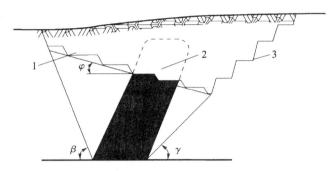

图 5—1 露天采矿场的构成要素

1—工作帮 2—矿体 3—非工作帮

β、γ—最终边帮角 φ—工作边帮角

1. 优点

（1）作业空间不受限制。露天煤矿由于开采后形成的是敞露空间，可以选用大型或特大型的设备，因而开采强度较大。矿山生产规模大。山西平朔安太堡露天煤矿年产原煤 1 500 万吨。黑岱沟、霍林河、元宝山和伊敏河露天煤矿计划规模为 500 万 ~1 200 万吨/年。国外已有规模达 5 000 万吨/年的露天煤矿，年剥离量可达 1 亿 ~3 亿米^3。矿井建设速度快，产量有保证。

（2）劳动条件较好，不利于安全生产的因素较少，作业较安全。

（3）生产成本低。露天开采成本的高低与所选择的工艺、煤岩运距、开采单位煤量所需剥离的土岩数量等有关。木材、电力消耗少。与井工煤矿相比，成本较低，世界露天采煤成本约为井工煤矿采煤成本的二分之一。

（4）劳动效率高。1996 年霍林河南露天煤矿原煤全员效率达 19 吨/工；平朔安太保露天煤矿全员效率为 36.6 吨/工。

（5）资源采出率高。一般可达 90% 以上，还可对伴生矿产综合开发。

2. 缺点

（1）对煤层赋存条件要求严格。露天煤矿开采范围受到经济条件限制，因此，覆盖层太厚或埋藏较深的煤层尚不能用露天开采法。

（2）占用土地多，污染环境。露天煤矿开采后的复田作业需花费相当数量的时间与资金。

（3）受气候影响大。严寒、风雪、酷暑、暴雨等会影响生产。

三、露天煤矿技术的发展方向

国外露天采煤比重较大：美国占61%，俄罗斯占56%，澳大利亚占70%，印度占74%，加拿大占88%。20世纪80年代，我国除对原已开采的露天煤矿进行了扩产外，还先后开发了五大现代化露天矿区（山西平朔，内蒙古霍林河、伊敏河、元宝山、准格尔矿区）以满足我国国民经济对煤炭产量的需求。但由于煤层赋存条件限制，我国露天煤矿采煤比重仅占5%左右。

我国露天煤矿的技术发展方向包括以下几方面。

1. 开采规模大型化。开发一批大型和特大型露天矿山，能力为1 000万~3 000万吨/年。

2. 工艺连续化。为了加大开采规模，在露天煤矿中，对条件适宜的矿山尽量采用连续工艺；对于岩石较硬的矿山，可采用移动式或半固定式破碎机来扩大生产环节中的连续作业部分。

3. 应用联合开拓方式。根据矿山不同的条件，选用多种开拓开采方式配合，进行扬长避短的强化开采，如可利用横采加大工作线推进强度等。

4. 工艺设备大型化。穿孔、采装、运输、排土等环节应采用一系列大型设备，如斗容为10~30米^{3}的挖掘机、载重为100~154吨的卡车、带宽为2~3米的输送机等。

5. 加强计算机在露天矿设计、管理中的应用。

6. 资源开发、生态环境与可持续发展。

第二节　露天煤矿生产过程安全作业

一、露天煤矿内行走人员规定

1. 露天采场主要区段的上下平盘之间应设人行通路或梯子，并按有关规定在梯子两侧设置安全护栏。

2．在露天煤矿内行走的人员必须遵守下列规定。

（1）必须走人行通路或梯子。

（2）因工作需要沿铁路线和矿山道路行走的人员，必须时刻注意前后方向来车。躲车时，必须躲到安全地点。

（3）横过铁道线路或矿山公路时，必须止步瞭望。

（4）横过带式输送机时，必须沿着装有栏杆的栈桥通过。

（5）严禁在有塌落危险的坡顶、坡底行走或逗留。

3．未经煤矿企业允许，闲杂人员和车辆严禁进入作业区。

4．采掘、运输、排土等机械设备作业时，严禁人员上下设备；在危及人身安全的作业范围内，严禁人员停留或通过。

二、穿孔爆破安全作业

1．凿岩机穿孔要注意的安全问题

（1）钻机司机应经过专门培训，了解钻机的性能，熟练掌握操作程序和操作技术。

（2）开孔口时要扶稳钻机，以防钻头伤脚或凿岩机倾倒伤人。严禁打干眼和残眼。

（3）在坡度超过30°的台阶坡面上凿岩时，凿岩工要使用安全绳，凿岩时要站稳。

（4）钻机移动时，应有人指挥和监护；行走时，司机应先鸣笛，履带前后不得站人，不准急转弯。

（5）钻机靠近台阶坡顶线行走时，应先检查行走路线是否稳固安全，凿岩台车外侧凸出部分至台阶坡顶线的最小距离为2米，牙轮钻和潜孔钻为3米。

（6）钻机不宜在坡度超过15°的坡面上行走。如果坡度超过15°，必须放下钻架，并采取防倾覆措施。不准长时间停留在斜坡道上。

（7）在松软的地面上行走时，应采取防沉陷措施。

（8）通过高、低压线路时，应采取安全措施。夜间行走应有照明。

（9）为防止台阶坍塌而造成钻机倾翻事故，钻机稳车时，千斤顶至台阶坡顶线应有一定的安全距离：凿岩台车为1米，牙轮钻和潜孔钻为2.5米。千斤顶放置的位置应稳固，不得在千斤顶下垫石块。

（10）穿凿第一排炮孔时，钻机的中轴线与台阶坡顶线的夹角不得小于45°，以便在台阶出现坍塌征兆时，钻机能尽快撤离危险区。

（11）钻机作业时，平台上严禁站人，钻机长时间停机应切断电源。

（12）挖掘每个水平的最后一个采掘带时，上阶段正对挖掘机作业范围内的第一排孔位地带，不得有钻机作业或停留。

（13）起落钻架时，非操作人员不要在钻机移动范围内停留。

（14）爆破时，应将钻机移至安全地带。

（15）移动电缆和停送电时，应穿绝缘鞋，戴高压绝缘手套，使用符合要求的电缆钩。钻机发生接地故障时，应立即停机处理，严禁任何人上下钻机。

（16）雷雨天、大雪天和大风天不准上钻机顶部进行检修作业；高空作业时，应挂好安全带，严禁双层作业。

2. 炮孔的装药和充填规定

（1）装药前在爆破区两端插好警戒旗，严禁与工作无关人员和车辆进入爆破区。

（2）雷管脚线、导爆索、导爆管的连线和装药布设必须由专人负责。

（3）装药时，每个炮孔同时操作的人员不应超过3人，严禁向炮孔内投掷起爆具和受冲击易爆的炸药，严禁使用塑料、金属或带金属包头的炮杆。

（4）炮孔卡堵或雷管脚线及导爆索损坏时，应及时处理，无法处理时必须插上标志，按拒爆处理。

（5）机械化装药时，必须由专人操作。

3. 爆破安全警戒的规定

（1）必须有安全警戒负责人，并向爆破区周围派出警戒人员。

（2）警戒哨与爆破工之间应实行"三联系制"。

（3）因爆破发生中断生产事故时，应立即报告矿调度室，采取措施后方可解除警戒。

（4）安全警戒距离应符合下列要求。

1）深孔松动爆破（孔深大于5米）：距爆破区边缘，软岩不得小于100米、硬岩不得小于200米。

2）浅孔爆破（孔深小于5米）：无充填预裂爆破，不得小于300米。

3）二次爆破：炮眼法不得小于200米。裸露爆破药量不超过20千克时，不得小于200米；药量超过20千克时，不得小于400米。

4）扩孔爆破：不得小于100米。

5）轰水：不得小于50米。

【案例】1989年11月2日，某露天煤矿在采煤工作面爆破时，由于警戒距离不够，起爆后崩起的煤块将警戒人员的头部和肩部砸伤。

4. 发生拒爆和熄爆时，应分析原因，采取措施，并必须遵守下列规定

（1）在专人监视下进行检查，并在危险区边界设警戒，严禁无关人员进入警戒区或在警戒区内进行其他作业。

（2）因地面网络连接错误或地面网络断爆出现拒爆，可再次连线起爆。

（3）如炮孔内为非防水炸药，可向孔内注水浸泡炸药，使其失效；浅孔拒爆可用风或水将炸药清除，重新装药爆破。

（4）严禁穿孔机按原穿孔位穿孔，应在距拒爆孔0.5~1.0米处重新穿孔、装药爆破，孔深应与原孔相等。

（5）如不能立即处理，应报告矿调度室，并设置拒爆警戒标志，派专人指挥挖掘机挖掘。

三、采装安全作业

1. 操作单斗挖掘机必须遵守下列规定

（1）运转中严禁维护和注油。

（2）勺斗回转时，必须离开采掘工作面，严禁跨越接触网。

（3）在回转或挖掘过程中，严禁勺斗突然变换方向。

（4）遇坚硬岩体时，严禁强行挖掘。

（5）严禁在不符合机器性能的纵横坡面上工作。

（6）严禁用勺斗直接救援任何设备。

（7）挖掘机作业时，必须对工作面进行全面检查，严禁将废铁道、废铁管、勺牙、配件等金属物和拒爆的火药、雷管等装入车内。

（8）正常作业时，天轮距高压线的距离不得小于1米，距回流线和通信线不得小于0.5米。

（9）无关人员严禁进入作业半径以内。

2. 轮斗挖掘机工作面必须帮齐底平，行走道路的坡度和半径不得超过规定的允许值

轮斗挖掘机作业和行走线路处在饱和水台阶上时，必须有疏排水措施；否则严禁挖掘机作业和走行。

轮斗挖掘机作业时，必须遵守下列规定。

（1）开机作业前，必须对安全装置进行检查。

（2）启动或走行前，必须按规定发出音响信号。

（3）严禁斗轮工作装置带负荷启动。

（4）应根据工作面物料的变化和采掘工艺要求，及时调整切削厚度和回转速度，遇有硬夹石层时，应另行处理，严禁超负荷工作。

（5）斗轮臂下严禁人员通过或停留，斗轮卸料臂、转载机下严禁人员和设备停留。

3. 采用轮斗挖掘机—带式输送机—排土机连续开采工艺系统时，应遵守下列规定

（1）各单机人员接班后，经检查可以开机时，应立即向集中控制室发出可以开机信号；如有异常现象，应向集中控制室报告，待故障排除后，再向集中控制室发出可以开机信号。

（2）连续工作的电动机，不应频繁启动，紧急停机开关必须在会发生重大设备事故或危及人身安全时才能使用。

（3）各单机间应实行安全闭锁控制，单机发生故障时，必须立即停车，同时向集中控制室汇报。严禁擅自处理故障。

四、运输安全注意事项

1. 汽车在工作面装车时必须遵守的规定

（1）待进入装车位置的汽车必须停在挖掘机最大回转半径范围之外，正在装车的汽车必须停在挖掘机尾部回转半径之外。

（2）正在装载的汽车必须制动，司机不得将身体的任何部位伸出驾驶室外，严禁其他人员上、下车和检查、维修车辆。

（3）汽车必须在挖掘机发出信号后，方可进入或驶出装车地点。

（4）汽车排队等待装车时，车与车之间必须保持一定的安全距离。

【案例】2012 年 6 月 25 日 9 时，内蒙古大唐国际锡林浩特矿业有限公司胜利东二露天煤矿在建二期外委剥离施工项目部发生一起运输事故，造成 3 人死亡，事故直接经济损失达 290.9 万元。

事故直接原因：中国有色金属工业第十六冶金建设公司的司机侯某驾驶自卸车行驶到运输线下坡段距丁字路口 80 米处，心脏病突发（根据法医鉴定），失去车辆驾驶能力，造成车辆失控、超速下滑，到达丁字路口处直线蹿入重车道，与满载上行的广西华南建设集团有限公司的邢某驾驶的 21066 号重型自卸车和薛某驾驶的 21005 号重型自卸车先后相撞，造成 3 名驾驶员死亡。

2. 采用带式输送机运输应遵守的规定

（1）带式输送机运输物料的最大倾角，上行不得大于 16°，严寒地区不得大于 14°；下行不得大于 12°。特种带式输送机除外。

（2）钢丝绳芯输送带的静安全系数符合规定的数值。

（3）带式输送机的运输能力应与前置设备能力相匹配。

（4）布设固定带式输送机应遵守的规定

1）应避开工程地质不良地段、老空区，必要时采取安全措施。

2）应在适当地点设置行人栈桥。

3）带式输送机下面的过人地点，必须设置安全保护设施。

4）应设防护罩或防雨棚，必要时设通廊。倾斜带式输送机人行走廊地面应防滑，并设置扶手栏杆。

5）封闭式带式输送机必须设置通风、除尘及防火设施，暗道应按一定距离设置通向地面的安全通道。

6）在转载点和机头处应设置消防设施。

（5）带式输送机应设置安全保护装置

1）应设置防止输送带跑偏、驱动滚筒打滑、纵向撕裂和溜槽堵塞等保护装置；上行带式输送机应设置防止输送带逆转的安全保护装置，下行带式输送机应设置防止超速的安全保护装置。

2）在带式输送机沿线应设紧急联锁停车装置。

3）在驱动、传动和自动拉紧装置的旋转部件周围，应设防护装置。

（6）带式输送机运行时，必须遵守的规定

1）严禁用输送采剥物料的带式输送机运送工具、材料、设备和人员。

2）输送带与滚筒打滑时，严禁在输送带与滚筒间楔木板和缠绕杂物。

3）采用绞车拉紧的带式输送机必须配备可靠的测力计。

4）严禁人员攀越输送带。

五、排土安全注意事项

1. 列车在排土线上运行和卸车应遵守的规定

（1）列车进入排土线后，由排土人员指挥列车运行。机械排土线的列车运行速度不得超过 20 千米/小时；人工排土线的列车速度不得超过 15 千米/小时；接近路端时，不得超过 5 千米/小时。

（2）严禁运行中卸土。

（3）新移设线路后，首次列车严禁牵引进入。

（4）翻车时，必须 2 人操作，操作人员应位于车厢内侧。

（5）清扫自翻车应采用机械化作业，人工清扫时，必须有安全措施。

（6）卸车完毕，必须在排土人员发出出车信号后，列车方可驶出排土线。

2. 汽车运输排土场及排弃作业应遵守的规定

（1）排土场卸载区应有连续的安全墙，其高度不得低于轮胎直径的2/5，特殊情况下必须制定安全措施。

（2）排土工作面向坡顶线方向应有3%~5%的反坡。

（3）应按规定顺序排弃土岩，在同一地段进行卸车和推土作业时，设备之间必须保持足够的安全距离。

（4）卸土时，汽车应垂直排土工作线；严禁高速倒车、冲撞安全墙。

（5）推土时，严禁推土机沿平行坡顶线方向推土。

第三节　露天煤矿主要灾害防治

一、露天煤矿防治水

1. 露天煤矿防治水工作的重要性

（1）露天煤矿自然条件决定必须要加强防治水工作

露天煤矿受自然条件影响较大，尤其是夏季连续降大雨、暴雨而引发的洪水，给露天煤矿的安全和生产都会造成重大影响。

露天煤矿按周围地形、地貌不同，可以分为三种类型。

1）凹地型露天煤矿。这种类型的煤矿和矿里的建筑物虽然都建在平地上，但是，周围是山丘，一旦天降大雨、暴雨，周围山丘上的水都会流向露天矿坑里，把各种建筑设施和生产设施冲坏。

2）半凹地型露天煤矿。此种类型的露天煤矿和矿里的各种建筑物也是建在平地上，但是在煤矿的一面或两面是山丘地形，一旦天降大雨或暴雨持续时间长时，山丘上一面或两面的洪水会流到矿坑的工作帮或非工作帮的岩体上，破坏坑内的各种生产设施，还会破坏边坡的稳定。

3）平地型露天矿。这种类型露天煤矿及其周围都是平地。它受周围环境影响比较差，受洪水之害相对比较小。只要把矿坑周围的沿帮水沟建设好，天降大雨或暴雨时，矿坑受洪水之害也是有限的，可把损失降到最低限度。

（2）露天煤矿生产的发展要求必须加强防治水工作

露天煤矿随着生产的发展和采掘场的降深，每年都会发生新的防排水工程，其内容包括以下几方面。

1）新水泵房建设工程。有的年份因生产和防排水需要新建水泵房，这是防排水工程的较大项目，从年初就要安排建设施工，确保雨季之前投入排水工作。

2）更换或新敷设大量排水管路工程。有的矿一年要新敷设6 000米，直径为377毫米的钢管，年初安排施工，6月底才能完工。如果安排晚了，汛期到来之前完不成铺设任务，将会影响汛期排水。

3）需要更新的水泵工程。有的露天煤矿采掘场内有6~7个排水泵房，40多台正在运转中的水泵，每年都有更新水泵工程。

4）下水口改造工程。有的露天煤矿坑底下边是过去井工煤矿采煤区域，现在变成了露天矿排水井。为使坑底积水顺畅地流到井下排水泵站，每年矿坑降深后，都得对下水口进行处理，都要安排工程项目和资金，以保证下水口改造工程按计划完成。

5）排水沟、蓄水池、排水巷道及其他防排水工程的新建、维修和清扫工程。

（3）露天煤矿被水淹没的历史教训迫使必须加强防治水工作

洪水给露天矿，特别是凹地型和半凹地型露天矿造成严重破坏，造成的损失非常大。

【案例】1960年7月31日到8月4日，某地区连续5天降暴雨，降水量达365.7毫米，某露天煤矿遭受暴雨袭击，采掘场内有两万多米水沟被洪水冲毁。该矿西区坑底积水量达20多万米^3，东区坑底积水量达16多万米^3，造成全矿停产。

为抢险救灾，该矿组织了11 912人参加抗洪抢险。该矿所在的市委、市政府和矿务局抽调了8 339人支援抢险救灾。经过半个月的昼夜抢修防排水设备和设施，使全矿4个排水泵站、18台水泵、

21 000 米排水沟、23 200 米排水管路恢复了正常排水，日排水能力也恢复到 108 000 米^3。到 8 月 15 日该矿恢复了生产。

2. 露天煤矿水的来源

（1）露天煤矿采掘场内水的来源

1）从边坡上渗漏来的地下水。

2）地面沿帮拦截水沟没有拦截到的一部分水流入采掘场内。

3）下雨、下雪来水。

（2）露天煤矿采掘场内岩层水的来源

露天煤矿采掘场内岩层含水是普遍现象。岩层中的水基本上来源于三个方面。

1）采掘场上部岩层都是第四纪冲积层，岩层含水十分丰富。

2）采掘场周围有新、旧河流，因为采掘场标高水平低、新旧河流标高水平比采掘场高，它们都往采掘场内渗水。

3）天上降水，包括夏天降雨、冬天降雪。

3. 露天煤矿防排水设施

（1）露天煤矿防排水设施的种类

1）排水泵站。根据本矿采场开采规模和地下水渗漏量多少，选择合适的位置修建若干个排水泵站，每个泵站配备若干台水泵，以满足最大排水任务要求。

2）地面拦水沟。排水工作采取防、排、贮相结合的方式进行，根据计算流入采场的流水量，设计地面截流水沟，把地面水用排水沟排到河里，使采场边坡不受地面水危害。

3）采场内截流水沟。把采场上部的地下渗漏水和大气降水用水沟拦截住，引入排水泵房，再排到地面河里。这达到了两个目的，一是实现了浅水浅排，节约能源，降低排水成本；二是防止了上部水流进下部岩层，破坏岩石的稳定性，造成边坡失稳。采取大坡道电铁运输方式的露天矿，可沿大坡道干线修建水沟，以减少水沟移设。

4）疏干巷道。用疏干巷道拦截上部的地下水，排到地面河里，防止上部的地下水流入下部岩体中，破坏岩体的稳定性，造成滑坡。

5）疏干井。疏干井一般用于疏干滑落体上部的地下水，防止地下水渗漏到滑落体上、加快其下滑速度、破坏下部的生产设施。打疏干井的方法是：选择滑落体上部适当位置，用钻机打直径 0.3 米的井，井的深度根据具体情况而定，一般为 20～25 米，然后用潜水泵把水排到地面水沟里。

6）水平放水孔。打水平放水孔把岩体中的水引出来，减少岩体水压。此法适用于在台阶坡面上或在疏干巷道两帮上打孔。

7）铁渡槽排水。当滑落体上部的排水沟往下漏水时，必须换成铁渡槽水沟，才能从根本上解决水沟漏水、影响边坡稳定的问题。

（2）露天煤矿防排水设施的检查内容

1）水泵房。水泵房每年都要检查房顶是否漏雨，漏雨的水泵房要进行维修。

2）水泵。所有水泵包括潜水泵每年都在雨季之前安排检修，6月底之前全部检修完。

3）蓄水池。每年要进行清扫和维修，保持蓄水池容积。

4）排水管。对采掘场内排水管路全面检查，发现漏水要进行处理，防止往边坡上漏水，影响边坡稳定。排水管到河边都要有出水口，并要逐年清扫。同时还要维修通过管路的巷道。

5）下水口。检查、维修达到顺畅流水的标准。

6）排水沟。包括地面截水沟和采掘场内的排水沟，都要进行检查、清扫和维修。

7）疏干巷道。在疏干巷道的两帮打若干个水平放水孔，把岩体中的水引到巷道内的水沟里，再通过水沟排到地面河里。

8）排水井。用潜水泵把井里的水排到水沟里。

9）放水孔。在短期内不采的段坡面上打若干个放水孔，把岩体里的水引出来，防止边坡滑落。

10）水泵房的电气设施、防火用具和防火器材等都要进行检查和维修。

（3）修建防排水设施的注意事项

修建防排水设施应躲开下列区域。

1）注意躲开断层区，避免被滑落的危险。

2）注意躲开沉陷区。

3）注意躲开发火区。

4）注意躲开本年度设计的采掘区，避免造成浪费。

5）注意躲开电铁运输车站和干线，避免因修建防排水设施而影响运输生产。

4. 露天煤矿防排水的有关规定

（1）露天采场深部做储水池的排水期限规定

用露天采场深部做储水池时，其排水期限应符合下列要求。

1）因储水而停止采煤的工作面数少于采煤工作面总数的 1/3 时，不得大于 15 天。

2）因储水而停止采煤的工作面占采煤工作面总数的 1/3～1/2 时，不得大于 7 天。

3）因储水而停止采煤的工作面超过 1/2 时，不得大于 3 天。

4）采用井巷排水时，必须采取安全措施，备用水泵的能力不得小于工作水泵能力的 50%。

（2）露天采场深部做储水池的规定

为了保证露天煤矿在汛期坑底积水的情况下，有足够的采煤工作面，始终保持均衡的煤炭生产，要做好下面三项工作。

1）尽量安排好减少采掘场坑底被淹的采煤工作面个数。对坑底现有的煤掌子要加快降深，在汛期到来之前要降到新水平，形成储水池，专为汛期储水之用。

2）控制坑底汇水面积，减少坑底积水。在采掘场的中部建一些拦截水沟，把上中部的水通过拦截水沟引入中部排水泵站，再排到地面河里。

3）加快采掘场坑底的排水速度，尽早解放被水淹的采煤工作面。

（3）采用井巷排水的规定

1）检修好井下排水泵站的水泵，包括备用水泵，使其每台都达到完好状态。

2）检查、维修好井下排水管路，防止出现断管、跑水、滴水、冒水、漏水问题。

3）修好井下排水泵站和排水管路通过的巷道。对有腐朽、歪斜、倒塌的棚子要修理好，防止片帮、冒顶砸坏水泵和水管，影响排水工作。

4）清扫好井下排水泵站的储水池。清除储水池里的泥沙和杂物，保证其能容下设计规定的储水量。

5）检查清理好下水口，清除滚石、杂物和淤泥，处理堵塞，并做围堤，防止重新被堵塞，影响往井下储水池储水。

6）检查、修理好井工排水系统所用的电源、备用电源、电缆、电线、变压器、配电盘、配电箱等电力设施，防止供电系统发生故障，耽误抗洪救灾。

7）分区开采的露天煤矿，遇到大暴雨带来的洪水，无法按规定时间完成排水任务解放被洪水淹的采煤工作面时，可在暂时不生产的另一个"区"的坑底做一个临时储水池，建设一个备用排水泵站，随时准备承担排水任务。

（4）露天煤矿低于当地洪水位建筑的规定

1）在地面沿帮修建坚固性拦截洪水沟。把山坡上和地面上往矿坑和地面建筑物流来的水都拦在拦截洪水沟里，然后排到河里去，从而保护矿坑的边坡稳定和各种建筑物及各种生产设施不受洪水破坏。

2）修建疏干巷道。在地表下适当区间和水平修建疏干巷道，并在两帮打水平放水孔，将渗入岩体中的水引出来流到巷道，再从疏干巷道排到地面河里。防止地表水流入下部岩体之中，造成边坡滑落。

3）修建疏干井和放水孔。每隔50米打一口疏干井，井口直径为0.3米，井深平均为25米。在每口井里安装一台潜水泵抽水，把水排到地面水沟或暗渠里，防止地表水流渗到滑落体，使其再次滑落。

4）修建永久性排水泵站。一般在地表下适当水平和渗水量最大的区间，修建拦截洪水泵站，把大量来水拦截并排到地面河里，不让洪水冲击采场边坡和各种生产设施。

（5）地下水危及排土场或采场安全时的规定

如果在排土场或采场内部有地下水，其水位不断升高，必须进行排水疏干。排土场在未建立之前就要进行疏干放水或者设置盲沟、潜沟疏水管等。采场应打眼放水，可打水平放水孔，也可打竖孔，用潜水泵抽水疏干等。另外，在排土场或采场周围要修筑排水沟，使地面水不能在排土场或采场存积渗透。也可采用其他方法疏干，保证排土场和采场的安全。

5. 加强露天煤矿防治水管理工作

（1）加强防排水的组织领导

1）煤矿建立防排水领导指挥小组，负责全矿防排水的领导工作，由矿和矿机关各科室的有关人员参加。

2）各车间建立车间防排水领导小组，负责本车间的防排水工作，由车间领导、各科室负责人和所属各队队长参加。各车间防排水领导小组将防排水明细措施报矿总调度室。

3）矿和各车间组建业余性质的防排水抢险队。矿防排水抢险队由矿机关各科室年轻力壮的男性组成，由矿机关党总支负责组织领导。以雨为令，天下大雨时，自动来矿参加昼夜抢险。各车间组建的防排水抢险队一般由 30～50 人组成，由本车间领导负责。各防排水抢险队设正副队长各一人，事先开会讲清楚，准备好抢险工具，随时整装待发，参加抢险。

4）确定防排水值班汽车的台数、车号和各台的负责人。

5）建立防排水值班制度。矿、车间、队三级都执行防洪抢险值班。主抓防排水人员负责排值班表，有关领导审查后，逐级上报。

（2）建立健全防排水工作制度

1）建立防排水工程检查制度。由矿主抓全矿防排水工作的领导负责，矿机关有关科室的有关人员参加检查，逐项检查工程进度和质量。专业人员要天天检查，有关领导要随时检查，矿领导小组定期检查，发现问题及时采取措施解决，确保防排水工程的高效率。

2）建立防排水设施检查制度。

3）建立防排水工具和材料检查制度，掌握防排水物资的到货数量和质量。

4）建立防排水值班人员上岗检查制度，检查值班人员是否准时上岗，是否负起责任，有无漏岗问题。

5）建立防排水抢险队伍检查制度，检查防排水抢险队人员是否落实，是否能招之即来。

（3）加强防排水设施的管理检查与维修

1）矿每年要对防排水设施安排大修。对大修项目要落实资金、材料设备、施工单位、完工日期，落实负责人员。

2）矿每年上半年要安排水泵检修、水沟清淤和维修、蓄水池清扫、排水管路检查维修等。

3）全矿防排水设施应由防排水车间负责管理和检查。该车间工程技术人员要天天到现场检查防排水设施的清扫进度、维修质量、完好情况。该车间领导要经常重点检查。矿机关科室的专业技术人员应重点检查关键性防排水设施的进度，及时帮助解决所遇到的困难。矿防排水领导小组定期检查防排水设施的检修进度、清扫进度、新建项目的完成进度等，对遇到的资金问题、材料问题、人员问题等，进行专题研究，逐项解决，确保所有防排水设施在6月底前全部达到完好标准。

二、露天煤矿防灭火

露天煤矿防灭火工作的重要性表现在工业广场面积大；设备设施多；生产作业分散；采场、贮煤场、火药库等火源多，分布面广；用火的工种和人员多，防火面积广。必须严格执行"预防为主，防消结合"的消防方针，切实落实"谁主管，谁负责"和"谁在岗，谁负责"的防火责任制。

1. 加强露天煤矿防灭火工作的领导

（1）建立健全防灭火工作领导体系

矿应成立安全防火委员会，主任由分管经营和分管生产的副矿长担任，副主任由安监处处长、总工程师、保卫处处长担任，成员由矿机关各有关科室的科长担任。

矿防火安全委员会在党委和行政机关领导下，主管全矿防火工作。安全防火委员会下设办公室，由保卫处副处长和消防队长任正、副主任，负责日常防火安全监督管理工作。

各车间也成立防火安全委员会，主任由车间副职担任，设兼职防火干部，成员由车间机关有关人员组成，负责本车间的日常防火安全工作。

各队成立防火安全领导小组，组长由行政副职担任，成员由各行政小组组长组成。

各生产小组设防火检查员，负责本小组防火工作。

矿机关各科室的安全防火工作由各科长负责。建立本科室的安全防火责任制度，使每项防火工作都有人管，有人抓，有人负责。

（2）完善安全防火工作制度

1）建立严格的防火会议制度。矿防火安全委员会每半年召开一次会议，车间防火安全委员会每季度召开一次会议，各队防火领导小组每月召开一次防火安全会议，各班组每周开一次防火安全会议，总结防火安全工作，分析防火安全形势，布置新的防火安全工作任务。

2）建立安全防火责任制。从企业的安全第一责任者到每个岗位工人都制定安全防火责任制，都明确自己在安全防火工作中所承担的职责，使每项安全防火工作都有人布置、有人检查、有人管理。

3）建立安全防火宣传教育、考核制。采取多种形式，广泛深入地向全体职（员）工进行防火安全工作重要意义、技术知识和有关规章制度的宣传教育，使职（员）工不断提高防火安全警惕性，增强做好防火安全工作的责任感。

矿每年对用火、用电、火电焊等特殊工种进行两次安全教育和安全技术考核。对义务消防队员每半年训练一次。对新入矿的工人，必须进行矿、车间、队三级防火安全教育，进行防火安全常识教育，考核不合格者，不准上岗。

4）建立安全用火审批制。重点部位动用明火作业，必须履行用火审批制度，夏季、冬季用火，必须经过检查发给用火合格证，方可用火。非经矿机电部门批准，严禁使用电炉子及其他电器，违犯者要严肃追查和处理。

5）矿重点防火部位，要制定出切实可行的防火安全措施，确保重点部位的防火安全。对油库、爆破器材库、仓库和煤堆等重点部位要从严管理，发现问题要一查到底。

6）全体职（员）工应严格遵守防火防爆的有关规定，禁止进行各种易发生火灾或威胁安全生产的危险作业。

7）入冬前组织好对消防通道、地下消火栓及消防水源的检查，必须保持畅通和良好，任何单位不准擅自占用和盖压。

2.　加强采掘场内安全防火工作

采掘场内安全防火工作有如下规定：

（1）坚持做到安全防火工作"五同时"，即在安排生产作业计划的同时安排安全防火计划，在布置安全生产作业任务的同时布置安全防火任务，在检查生产作业工作的同时检查安全防火工作，在总结生产作业经验的同时总结安全防火经验，在评比生产作业典型的同时评比安全防火典型。

（2）建立安全防火责任制。每个岗位、每台设备、每个工种的生产作业人员都要制定安全防火责任制，都要明确自己在安全防火工作中的责任和任务。使每一项安全防火工作都有人管理、有人检查、有人负责。

（3）采用各种形式，向现场生产作业人员进行安全防火知识、安全防火技能、安全防火法规的宣传教育，增强广大职（员）工做好安全防火工作的责任感，提高防火的自觉性。

（4）严格生产现场安全防火管理，任何人都不准在采煤工作面、半煤岩工作面和油母页岩工作面（以下简称三面）上生火和传播火源。电气化铁路列车的尾车和移路吊车等不准在"三面"上掏炉灰，"三面"上的站房掏炉灰必须用水浇灭，确认没有明火，并存放一段时间后再外倒炉灰。

（5）加强对特殊工种用火管理。特殊工种在"三面"上作业时，必须提出报告，制定特殊措施。经批准后才可以在"三面"上作业。

火电焊在"三面"施焊时的安全防火措施包括以下几方面。

1）进行焊接作业前，应详细检查作业地点和被焊割工件，在有易燃易爆物品场所附近作业时，应保持一定的安全距离，采取安全防火措施，履行各项用火审批手续，否则不准在"三面"上作业。

2）作业现场内的一切可燃物品要清理干净，乙炔瓶和氧气瓶与焊接地点之间的距离不应小于 10 米，乙炔瓶和氧气瓶之间的距离不应小于 5 米。

3）在高空作业时和因条件限制必须在可燃物附近作业时，要设火花接收盘，盘内有水，必须有专人看护。焊割结束后，要认真检查清理现场，确定没有任何火灾隐患时再收工。

4）易燃易爆物品必须存放在阴凉、通风、干燥和温度适宜的地方，并要经常检查通风设备是否良好。

（6）加强对义务消防队员的培训，每半年进行一次训练，用灭火器进行灭火演习，提高他们的消火技能。对新入矿的工人必须进行矿、车间、队三级防火教育，并要考试和考核，不及格的不准上岗。

（7）严格防止新的火源。在采场生产作业中认真防止新的火源发生是防火的重要工作。一是"三面"采掘带在采完前的最后一次爆破中，应采用减震爆破，防止将暂时不采的煤体、半煤岩体和油母页岩体震开裂缝，进而自燃发火。二是对已经采完的"三面"，要将浮货装净，防止时间长了自燃发火。

（8）对重点部位要配齐、配好消火器材和消火用具，要有人保管，要使所有岗位人员都会用，要放在明显方便的位置和道路畅通的地方。

灭火器材和灭火工具要班班检查和交接。每周由防火负责人主持召开一次安全防火会议，检查灭火器有无渗漏、损坏，应该替换时可随时到队里更换，使之始终保持完好。

3．加强煤层自燃发火的防治工作

（1）煤层自燃发火的原因

1）老空巷里早已经充满甲烷、二氧化碳等，一旦挖掘机采出来就是火区。

2）有少数煤层在爆破时被震开裂缝，时间长了就会发生自燃发火。

3）人为地在"三面"上生火或把火带到了"三面"上，引发了煤体自燃发火。

（2）煤层自燃发火的危害及防治

露天煤矿采场有自燃倾向的煤层大多数矿都有，特别是下部被井工矿采完的有老空巷区的矿，煤层自燃的比较多，既烧掉了大量优质煤炭，浪费了国家资源，又严重污染了环境，威胁人员和设备的安全。治理煤层自燃发火是露天煤矿的一项重要工作，必须抓实、管严、查细、一抓到底，坚决实现全采掘场无明火的消防目标。

1）用电铲挖火。在着火面积大，烧到煤体很深，用水消火消不透时，用电铲装电铁列车或装载重汽车运到翻火煤线去消火。

2）严禁进入旧巷内消火。遇有旧巷内着火时，只能用水枪扫货封闭、爆破崩落封闭、用草袋子装沙子封闭或用水砂充填封闭。新揭露的旧巷消火，人员不能立即靠近洞口，防止瓦斯熏人。

3）注浆防治火灾。上部设有注浆站，往坑下注浆点下灰时，坑下注浆点同意下灰后，上部注浆站方可注浆下灰。注浆消火人员必须熟知本注浆消火系统及注浆用水量。注浆消火只准白班作业。注浆工上岗前要穿戴好劳动保护用品，检查作业现场和工具，消除安全隐患。

下灰前必须先用清水将备用水罐充满，以做备用，并将排水管路与灰枪相连，防止泵站突然故障停水，堵塞注浆管路。应先用清水冲洗注浆消火管路，待坑下出灰口见清水后，坑下消火人员通知上部注浆站，方可下灰注浆。翻灰时，混合沟旁的人员要把水枪压好，人员离开出灰口 5~6 米。翻灰后，水灰比例应由小到大，应先将出灰口及混合沟内的灰冲洗干净，使水灰混合物能自动在混合沟内流动，并能顺利地沿输浆管路排到着火旧巷之中，把火封闭死。

4. 抓好灭火工作

用水消火是普遍采用的灭火方法。在所有火区附近，凡是有条件的都要接通消火水管，在水管上再接上软水龙带，在水龙带上安装消火枪头，人工消火。在灭火中应注意下列安全问题。

（1）灭火前对每个火区进行检查，查清周围有无片帮、滑坡、下沉等危险，并向消火人员交代清楚，保证消火作业安全。

（2）灭火前对火区进行分析和评估，特别对老空火区要注意，防止旧巷道里的火遇水后产生大量气体，爆炸喷出明火和火煤，烧伤或崩伤消火人员。往旧巷道里喷水消火时，消火人员身体不准正对着洞口，防止喷出的火煤伤人。

（3）因灭火往梯段上拽水龙带时，应注意梯段坡面有无浮块、伞檐，尽量躲开，防止被滚下来的岩石块砸伤。

（4）灭火人员应按规程规定着装，戴好安全帽，穿好胶鞋，防止上下梯段摔下，滚块砸人。

（5）冬季灭火人员应每 3 小时检查一次细管路（直径 100 毫米以下）和灭火水龙带的枪头及放水点的出水情况。每 6 天巡视一次直径在 100 毫米以上的管路，发现有陷落和塌方的地方要及时垫好。若放水门放不出水来，应及时处理或更换。发现水管被冻时，用最实用的办法把水管化开、把水放净，防止再冻，影响正常消火。

（6）冬季不论什么原因停水时，都应及时放净水龙带和水管中的水，将阀门全部打开，防止冻坏水龙带或管路。

（7）在电铁线路和输电电柱附近消火时，严禁隔着架线、火线给水消火，也不准把水打在架线上，防止触电。水龙带横跨铁道时必须从铁道下边穿过，挖穿道沟要一人挖，一人防护来车。若因消火往铁道上滚岩石块、冲铁道、埋铁道时，必须事先安排计划，并及时与矿调度室联系后，方可消火。消完火要清理铁道，并报告矿调度室。

（8）在16米以上的高段下消火时，应4人一组作业，一人持消火枪消火，一人做辅助工作，梯段上下各设一人站在安全位置瞭望监护，发现异常情况，立即停止消火，撤到安全地点。在消火中必须站在侧面给水，先消伞檐和浮块，然后由下向上逐渐推进消火，应在梯段上面压消火枪消火。

（9）高段上下禁止平行作业，需要消火时，电铲或其他设备和人员必须停止作业，方可消火。若在电铲或其他设备下部消火时，只准许压枪消火，不准人持水枪消火。

三、露天煤矿滑坡防治

1. 综合治理边坡的措施

（1）疏干。为了减少地表水和地下水对露天生产的影响，改善帮坡的稳定条件，在含水丰富的岩体中修建疏干巷道、疏干井和放水孔，把岩体中的水引出来、排出去，减少边坡岩体的含水量，保持边坡稳定。

（2）减重。清理非工作帮已滑落的岩体及滑动的岩体上部，使之形成正常工作梯段，减少岩体的下滑力，防止发生新的滑落。

（3）留置暂时煤壁。在上部边坡岩石清理进度落后于下部采煤进度时，为了支撑上部边坡岩体，保持边坡稳定性，在边坡下部留置临时性防滑煤壁。

（4）换填与"压脚"。换填是在滑坡体的抗滑重要部位，将弱层滑面清除掉，换填块石，提高抗滑力学强度。"压脚"是在滑落体的下部回填一些物料，增加抗滑力。

（5）护坡。为了防止边坡岩体表面风化及地表水的冲刷和渗入，在边坡表面修筑护坡，保护边坡的安全稳定。

（6）减震爆破。为了减少爆破产生的地震波对边坡的震动，可采用非电微差起爆新工艺爆破，可减少震动60％。

（7）铁道抗滑桩。在有发生边坡滑落的下部选择适当位置打若干排铁道抗滑桩，抵抗边坡下滑。

（8）其他方法。还可以采用挡土墙、打锚杆等各种办法防止边坡滑落。

2. 露天矿采场非工作帮到界台阶保持边坡稳定的措施

露天开采非工作帮的坡面与岩层倾向相同，即所谓顺层。它给日常生产管理和到界台阶的稳定带来诸多困难，不能认为到界台阶当时是稳定的，以后就永远稳定，它会受主客观因素的影响。随着时间的变化，人为因素也会造成滑坡，所以，日常管理尤为重要。要随时检查边坡状态，按时做出每个时期的稳定系数指导和监督生产，改善边坡稳定条件。如发现异常，要及时采取补救措施。其办法有以下几方面。

（1）避免切断多台阶的弱层。切断单个台阶坡面的层理是不可避免的，即便出现问题也是局部的。切断多台阶往往造成大滑坡，所以，边坡角大于岩层倾角时，不要采用高段作业，便可以做到不切层。

（2）适当保留安全煤壁。待帮坡已削缓、稳定后，再逐渐回采煤壁。

（3）坡角回填支撑。有时为了煤炭回收或工程需要的位置，使边坡失去稳定，可向采空区回填，恢复稳定平衡。

（4）坡面砌石防水。水对帮坡的危害非常大，为了防止水渗入，在岩层的弱面砌上一层夹石，防止坡面水渗入，保持稳定。

（5）钢轨桩加固台阶。在台阶上打垂直钻孔，穿透滑动面，在孔中下钢轨桩并浇灌水泥浆，保持台阶稳定。

（6）岩层疏干。为了改善帮坡稳定，可在含水层中布设疏干巷道。该巷道一定要躲开弱层，否则不但起不到拦截水的作用，还会使岩层中的水往下渗到弱层中去，收不到预期效果，适得其反。岩层疏干有必要考虑与弱层保持一定的距离。

（7）建立完整的排水系统，才能控制水的流向，确保帮坡稳定，达到安全生产的目的。

3. 开采深露天采矿场比较有效的防滑措施

（1）对已建立起来的排水系统加强管理，因水对帮坡的稳定至关重要，要防滑，首先要防水。对地表来水要有效地拦截疏导；对地下水疏干、降水位方法要进一步完善，加强管理和维护。

（2）坡面砌石防水。由于矿坑的地质构造和岩石性质不同，在开采过程中对帮坡稳定影响很大。在弱层上砌上一层夹石，防止水的冲刷和渗入，可以确保帮坡稳定。

（3）锚杆加固法。用钻机打直径为 300 毫米的钻孔，孔深为 20～25 米，把 50 千克/米的废钢轨下到孔里，露出地面 300 毫米，再用混凝土砂浆灌注。在滑面下超钻 3～4 米，柱距为 3～5 米。

锚杆加固法如图 5—2 所示。

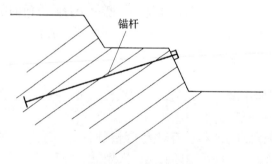

图 5—2　锚杆加固示意图

（4）钢轨桩加固台阶。在台阶上打垂直钻孔，穿透滑动面，在孔中下钢轨桩，并浇灌水泥，用以保持台阶稳定。

用钢轨桩加固台阶如图 5—3 所示。

（5）坡角回填法。为了回收煤炭，势必造成"头重脚轻"，增加下滑，失去支撑，帮坡不稳。为了避免滑坡，向采空区回填块石，可恢复平衡，保持稳定。

坡角回填法如图 5—4 所示。

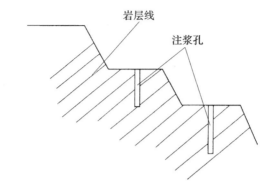

图 5—3　钢轨桩加固

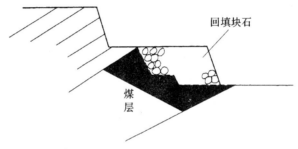

图 5—4　坡角回填示意图

4．边坡的管理规定

（1）采场最终边坡的管理应遵守的规定

1）采掘作业必须按设计进行，坡底线不得超挖。

2）临近到界台阶时，应采用控制爆破，不得超钻，采取减震措施，严禁采用硐室爆破。

3）含有露头煤的到界台阶，应采取防止露头煤风化、自燃及沿煤层底板滑坡的措施。

（2）排土场边坡的管理必须遵守的规定

1）随着排土场边坡的形成和发展，必须定期进行边坡稳定分析，如有不稳定因素，应修改排土参数或采取防治措施。

2）实施内排土前，必须测绘地形，查明基底岩层的赋存状态及岩石物理力学性质，测定排弃物料的力学参数，进行排土场设计和边坡稳定计算，清除基底上不利于边坡稳定的松软土岩。

3）内部排土场最下一个台阶的坡底与采掘工作面之间必须留有足够的安全距离。

4）内部排土场必须采取有效的防排水措施，防止或减少水流入排土场。

复习思考题

1. 露天煤矿开采主要包括哪两部分作业？

2. 露天煤矿主要生产环节包括哪四部分作业？

3. 露天煤矿内行走的人员必须遵守哪些规定？

4. 高空作业时应注意哪些安全事项？

5. 硬岩的深孔松动爆破（孔深大于 5 米）安全警戒距离不得小于多少？

6. 轮斗挖掘机作业时，必须遵守哪些规定？

7. 叙述露天煤矿采掘场内岩层水的来源。

8. 火电焊"三面"施焊时，有哪些安全防火措施？

9. 叙述开采深露天煤矿的锚杆加固防滑措施。

第六章 煤矿工人权利义务和应急自救

第一节 煤矿工人安全生产权利和义务

煤矿工人有依法获得安全生产保障的权利，并应当依法履行安全生产方面的义务。

一、煤矿工人安全生产的权利

1. 安全教育培训权

煤矿企业应当加强对工人进行安全教育培训工作，不断地树立工人的法制观念、安全意识及"安全第一、生产第二"的思想；增长工人安全生产技术知识，了解煤矿灾害事故的形成原因、规律和防治措施，掌握灾害时自救、互救和避灾方法；提高工人的安全操作技能，了解本工种、本岗位的操作标准；培育工人安全健康的心理，克服和纠正不利于安全生产的心理现象。

2. 危险因素知情权

煤矿井下条件复杂，水、火、瓦斯、煤尘、顶板等自然灾害和危险因素较多，工人有权知道其作业场所和工作岗位存在的危险因素。同时，还有权了解危险因素的防范措施和发生事故后的应急救援方案，这样有利于提高工人的安全防范意识。

3. 劳动合同保障权

劳动合同是劳动者与用人单位确立劳动关系，明确双方权利和义务的协议。煤矿企业与工人订立的劳动合同，应当载明有关保障工人劳动安全、防止职业危害的事项，以及依法为工人办理工伤社会保险的事项。

4. 违章指挥拒绝权

违章指挥和强令冒险作业是严重的违法行为，也是直接导致发生生产安全事故的重要原因。工人拒绝违章指挥和强令冒险作业，有利于防止生产安全事故的发生和保护工人的自身安全。煤矿工人应当拒绝违章指挥和强令冒险作业。

5. 安全问题检举权

煤矿工人对安全问题有建议权、批评权、检举权和控告权，一方面可以充分调动他们在安全生产工作中的主动性和积极性，体现安全管理的民主性；另一方面可以减少企业在安全生产管理工作中的失误，以及制止企业管理者违反安全生产法律、法规行为，保障安全生产，防止生产安全事故的发生。

6. 紧急情况避险权

煤矿工人发现直接危及人身安全的紧急情况时，有权停止作业或者采取可能的应急措施后撤离作业现场，进行安全避险。煤矿企业不得因此降低工人的工资、福利待遇，或者解除与其订立的劳动合同，更不得进行其他方面的打击报复。

7. 安全管理参与权

工人是煤矿企业的主人，既是生产事故的受害者，又是生产安全的实施者。他们对安全管理中的问题和事故隐患了解得最清楚，有权参与安全管理工作。一旦发现事故隐患，应当要求有关部门进行整改，并且积极提出整改措施、建议，参与整改。

8. 事故伤害赔偿权

煤矿工人受到生产安全事故伤害时，除依法享有工伤社会保险外，依照有关民事法律尚有获得赔偿的权利的，有权向本单位提出赔偿要求。

二、煤矿工人安全生产的义务

1. 接受安全教育培训的义务

安全教育培训对工人既是权利，更是义务。煤矿工人要克服文化低听不懂、内容多记不住、时间紧学不了的现象，应当把学习当作履行一种义务来对待，扎扎实实地多学点知识，多掌握一些本领。

2. 遵章守规、服从管理的义务

煤矿工人应当遵章守规、服从管理。不仅要严格遵守国家有关安全生产的法律、法规，还应当遵守煤矿企业制定的安全规章制度、作业规程、安全技术措施和操作规程。要服从现场管理，听从班组长的安排，维护班组长的威信。

3. 使用劳动防护用品的义务

劳动防护用品是保障工人在生产劳动过程中安全与健康的一种防御性装备，不同的劳动防护用品有其特定的佩戴和使用规则、方法。只有正确佩戴和使用，才能充分发挥其功能，真正起到防护作用。工人要正确佩戴和使用劳动防护用品。

4. 及时报告事故隐患的义务

工人在生产一线作业，是事故隐患和不安全因素的第一目击者，在发现事故隐患时，应当及时向班组长或其他管理人员报告，以便采取有效措施进行紧急处理，避免造成灾害事故或者防止灾害事故的影响范围扩大。同时，工人在保证自身安全的前提下，要积极消灭灾害、妥善处理事故。

第二节　煤矿工人职业卫生权利和义务

一、煤矿工人职业卫生的权利

1. 具有对煤矿企业职业卫生的要求权

（1）要求煤矿企业为工人创造符合国家职业卫生标准和卫生健康要求的工作环境和条件的权利。

1）职业病危害因素的强度或者浓度符合国家职业卫生标准。

2）有与职业病危害防护相适应的设施。

3）生产布局合理，符合有害与无害作业分开的原则。

4）有配套的更衣间、洗浴间、孕妇休息间等卫生设施。

5）工具、用具等设施符合工人生理、心理健康的要求。

6）法律、行政法规和国务院卫生行政管理部门关于保护工人健康的其他要求。

（2）要求煤矿企业为工人上岗前、在岗期间和离岗时的职业健康查体的权利。

1）职业健康查体费用由煤矿企业承担，检查所占时间视同出勤。

2）未经查体的工人有权拒绝从事接触职业危害的作业。

3）对在查体中发现有与所从事的职业相关的健康损害时，工人有权要求调离原工作岗位，并获得妥善安置。

4）对未进行离岗时的职业健康查体的工人，有权拒绝解除或者终止劳动合同。

（3）要求煤矿企业为工人提供符合防治职业病要求的职业病防护设施和个人使用的职业病防护用品的权利。

1）煤矿企业对工人工作场所存在的职业危害因素采取有效的防护措施。

2）煤矿企业为工人提供的职业病防护用品，必须符合国家标准或行业标准，不得超过使用期限。

3）煤矿企业不得以货币或其他物品替代应当按规定配备的职业病防护用品。

（4）要求煤矿企业为工人保障职业病待遇的权利。

1）工人有权要求煤矿企业及时安排对疑似职业病病人进行诊断或医学观察，在此期间所需费用由煤矿企业承担。

2）职业病病人有权要求煤矿企业按照国家有关规定对其进行治疗、康复和定期检查。

3）职业病病人除依法享有工伤社会保险外，还依法享有民事赔偿的权利。

4）职业病病人变动工作单位时，有权要求原有的职业病待遇不变。煤矿企业发生分立、合并、解散或破产时，接触职业危害的工人有权要求煤矿企业对其进行健康检查，并按照国家有关规定妥善安置职业病病人。

5）用人单位已经不存在或者无法确认劳动关系的职业病病人，可以向地方人民政府的民政部门申请医疗救助和生活等方面的救助。地方各级人民政府应当根据本地区的实际情况，采取措施，使前款规定的职业病病人获得医疗救治。

2. 具有对煤矿企业职业卫生的知情权

（1）煤矿企业与工人订立劳动合同时，工人有权了解工作过程中可能产生的职业病危害及其后果、职业卫生措施和待遇，并在劳动合同中写明。如果工作条件变化，煤矿企业应当如实履行告知职业危害的义务，并协商变更原劳动合同的相关条款。

（2）煤矿企业提供给工人使用的机器、设备、设施、材料等，如果可能产生职业危害，应当同时为工人提供使用说明书或安全操作规程。

（3）煤矿企业应当在产生严重职业危害的工作岗位，在醒目位置设置警示标识和警示说明，公布职业病危害的种类、后果、预防和应急救治措施等内容。

（4）工人有权了解职业健康查体的结果。工人离开原工作单位时，有权索取本人职业健康检查及监护档案复印件，原工作单位应当如实、无偿提供，并在所提供的复印件上盖章。职业病诊断、鉴定需要工作单位提供有关职业卫生和健康监护等资料时，工人有权要求工作单位如实提供。

3. 具有对煤矿企业职业病预防的民主管理参与权

（1）工人有权参与煤矿企业职业卫生的民主管理，对其实施《职业卫生法》的情况提出意见和建议。

（2）工人有权拒绝违章指挥和强令没有职业病防护设施进行作业。

（3）工人有权对违反职业卫生法律、法规以及危害生命健康的行为提出批评、检举和抵制，煤矿企业不得因此而进行打击报复。

（4）当工人劳动安全卫生权益受到侵害，或者与煤矿企业职业卫生问题产生纠纷时，有权向有关部门提请劳动争议处理，直至上诉到法院审理。

4. 具有获得煤矿企业职业卫生教育、培训权

煤矿企业应当对工人在上岗前和在岗期间，进行职业病及防治知识和技能的教育、培训。通过教育、培训达到以下要求。

（1）提高职业卫生意识，增强法制观念，树立维权思想。

（2）了解本岗位作业环境职业病及防治知识。

（3）掌握防治职业病的操作技能。

（4）正确使用职业病防护设备、设施。

（5）正确佩戴和使用个人职业病防护用品。

（6）掌握可能发生的职业病危害的应急救援措施。

二、煤矿工人职业卫生的义务

1. 履行接受职业卫生的教育培训的义务

接受职业卫生教育培训既是煤矿工人应该享有的权利，同时又是工人应该履行的义务。劳动者应当学习和掌握相关的职业卫生知识，增强职业病防范意识，使煤矿工人具备相应的职业卫生知识、技能，以及事故预防和应急处理能力。

2. 履行遵守职业卫生的有关法律、法规、规章和制度的义务

近年来，我国先后制定了一系列有关职业卫生的法律、法规、规章，如根据新修改的《职业病防治法》，制定了"一规定、四办法"的5个部门规章，即：《工作场所职业卫生监督管理规定》《职业卫生技术服务机构监督管理暂行办法》《用人单位职业健康监护监督管理办法》《职业病危害项目申报办法》《建设项目职业卫生"三同时"监督管理暂行办法》。煤矿企业结合实际情况，又编制了贯彻执行的规章、制度。这些法律、法规、规章和制度是职业卫生的基本保障，煤矿工人应该严格遵守职业卫生法律、法规、规章和操作规程。

3. 履行正确使用职业卫生设施和防护用品的义务

职业卫生设施和个人职业病防护用品是保护工人在作业过程中不遭受职业病侵害的防护装置，是搞好职业卫生必不可少的重要措施。所以，煤矿工人必须按照操作规程和使用说明书，正确使用、维护职业病防护设备和个人使用的职业病防护用品，使它们充分发挥作用，做好职业卫生工作。

4. 履行及时报告职业病危害事故隐患的义务

工人身处生产活动的第一线，也是产生职业病危害的重要场所，最容易受到职业病侵害，也能在第一时间发现职业病危害事故隐患。这些隐患报告及时，处理迅速，可能造成的影响就小。煤矿工人一旦发现职业病危害事故隐患，有义务立即向现场管理人员或有关部门报告，不得隐瞒不报、拖延不报或不如实报告。

第三节　煤矿工人劳动保护权利

煤矿企业为了保障煤矿工人在生产过程中的生命安全和健康，必须为工人提供必要的安全生产、劳动保护措施和劳动防护用品，同时，国家对煤矿井下工人还应采取特殊的保护措施。

一、《煤矿矿长保护矿工生命安全七条规定》

为了保护矿工生命安全，使煤矿安全生产主体责任得到真正落实，实现煤矿安全生产状况根本好转的目标，国家安全生产监督管理总局于 2013 年 1 月 15 日公布了《煤矿矿长保护矿工生命安全七条规定》。其主要内容包括以下几点。

1. 必须证照齐全，严禁无证照或者证照失效非法生产。

2. 必须在批准区域正规开采，严禁超层越界或者巷道式采煤、空顶作业。

3. 必须确保通风系统可靠，严禁无风、微风、循环风冒险作业。

4. 必须做到瓦斯抽采达标，防突措施到位，监控系统有效，瓦斯超限立即撤人，严禁违规作业。

5. 必须落实井下探放水规定，严禁开采防隔水煤柱。

6. 必须保证井下机电和所有提升设备完好，严禁非阻燃、非防爆设备违规入井。

7. 必须坚持矿领导下井带班，确保员工培训合格、持证上岗，严禁违章指挥。

二、煤矿工人劳动合同保护

1. 劳动合同订立的原则

订立劳动合同应当遵循合法、公平、平等自愿、协商一致、诚实信用的原则。

（1）煤矿企业自用工之日起即与工人建立劳动关系。建立劳动关系，应当订立书面劳动合同。

（2）劳动合同由用人单位与劳动者协商一致，并经用人单位与劳动者在劳动合同文本上签字或者盖章生效。劳动合同文本由用人单位和劳动者各执一份。

（3）用人单位变更名称、法定代表人、主要负责人或者投资人等事项，不影响劳动合同的履行。

（4）用人单位发生合并或者分立等情况，原劳动合同继续有效，劳动合同由承继其权利和义务的用人单位继续履行。

（5）用人单位与劳动者协商一致，可以变更劳动合同约定的内容。变更劳动合同，应当采用书面形式。变更后的劳动合同文本由用人单位和劳动者各执一份。

2. 煤矿农民工劳动合同规定

（1）煤矿农民工与煤矿企业全员劳动合同制员工同工同酬，在劳动报酬方面，不得对工人设置障碍，进行歧视。

（2）对合同期满的农民工择优留用。对连续在煤矿工作的工人，可以续签 3~5 年的劳动合同，并可以延续其工资级别。这样能够有力地克服农民工临时雇用的思想，使农民工树立在煤矿务工的稳定观念，为提高工人综合素质创造了有利条件。

（3）农民工享受煤矿企业全员劳动合同制员工同等岗位的生产保健津贴和劳动防护用品。

（4）农民工享受煤矿企业全员劳动合同制员工相同的婚丧假。

（5）农民工在劳动合同期间发生工伤或死亡事故的，应依据国务院《工伤保险条例》的有关规定进行赔偿。

（6）煤矿企业应为农民工办理个人养老保险相关手续，并支付费用。

（7）当履行劳动合同发生争议时，双方应及时协调，如果协调不成，农民工可申请仲裁或向人民法院提起诉讼。

3. 工人带薪年休假保护

工人连续工作 1 年以上的，享受带薪年休假。单位应当保证工人享受年休假。工人在年休假期间，享受与正常工作期间相同的工资收入。

工人还依法享受医疗期病假、婚假、探亲假、产假、流产假、晚育假和节育假的权利。

4. 加班加点的保护

（1）加点延长工作时间的规定。《劳动法》规定："用人单位由于生产经营需要，经与工会和劳动者协商后，可以延长工作时间，一般每日不得超一小时；因特殊原因需要延长工作时间的，在保障劳动者身体健康的条件下，延长工作时间每日不得超过三小时，但每月不得超过三十六小时。"但是，在特殊情况下，如抢救灾害事故、抢修设备等，延长工作时间不受上述规定的限制。

（2）加班加点的经济补偿待遇。安排劳动者延长工作时间的，按照不低于员工本人小时工资标准的150%支付工资；在休息日安排工作的，可按同等时间补休，未能补休的，按照不低于员工本人日工资标准的200%支付工资；在国家法定节假日、带薪年休假日安排工作的，按照不低于员工本人日工资标准的300%支付工资。

实行计件工资的，在完成计件定额任务后加班加点的，分别按照本人法定工作时间计件单价的150%、200%和300%支付工资。

5. 工人在煤矿企业劳动期间，有获得政治荣誉、物质奖励和提拔重用的权利

在劳动竞赛、技术比武、岗位练兵等活动中，取得优异成绩的应给予奖励；把进步较快、素质较高、能力较强的工人提拔到班组长管理岗位或班组长后备队伍中；长期表现好的，准予其加入中国共产党和年底评选先进生产者等。

三、正确佩戴和使用劳动防护用品

1. 穿好工作服、戴好矿工帽

（1）工作服。因为井下气候潮湿，风流速度大、温度低，而且有大量矿尘，所以，在作业时要穿坚固、保暖的工作服。注意穿戴整齐、利索，袖口扎好，防止被转动的机器缠咬。不能穿化纤衣服，因为化纤衣服容易产生静电，静电火花可能引起瓦斯、煤尘或电雷管意外爆炸。如果工作地点有淋水或进行湿式钻眼、洒水防尘和喷浆等工序时，还应穿好雨衣，防止因淋湿而感冒生病。

（2）胶靴。因为井下作业现场泥水较多，有时还要站在泥水中操作，所以必须穿胶靴。同时，穿绝缘胶靴还可防止人体触电。

（3）毛巾。脖子上最好围着一条毛巾，既可防止煤（矸）碎块或矿尘掉入衣服里面，又可擦汗。同时，在发生灾害事故时，可以用毛巾沾水捂住鼻口进行自救、互救。

（4）矿工帽。因为顶板的碎矸经常掉下，同时井下空间较小，容易碰头，所以要戴好矿工帽。防止头部遭到撞、碰、砸等伤害。同时，注意矿工帽里面的衬垫带要合格，戴矿工帽时要系好帽带。

（5）腰带。腰带可以挂自救器、矿灯盒和随身携带的小件物品。腰带要系在工作服最外面，以使工作服利索。

2. 随身携带自救器

自救器是工人在发生重大灾害事故时的重要自救装备，现场工人常叫"救命器"。如发生瓦斯、煤尘爆炸和火灾时，工人应及时戴好自救器，有组织地按预定避灾路线撤出灾区。不佩戴自救器或不会使用自救器的工人，一律不准下井。

3. 随身携带矿灯

（1）矿灯的作用

矿灯是矿工的眼睛，不带矿灯下井，工人跟"瞎子"一样，寸步难行。新型矿灯还兼有瓦斯监测和报警功能。在发生危险时作为应急信号，如晃灯停车。在紧急避险时还可传递呼救信号。同时，矿灯还可作为清点上、下井人数的依据之一。

（2）矿灯的完好检查

矿灯应保持完好，出现电池漏液、亮度不够、电线破损、灯锁失效、灯头密封不严、灯头圈松动和玻璃罩破碎等情况，严禁携带下井。

（3）携带矿灯的注意事项

领到矿灯后，一定要认真检查。因为损坏的矿灯可能会产生电火花，引发重大事故。矿灯经检查无误后，要随身带好。灯头要插在矿工帽上，不要提在手里，更不能打悠圈、闹着玩；电池盒要系在腰带上，不要用腰带背在肩上。井下禁止拆开、敲打、撞击灯头；不得乱扔磕碰或垫坐电池盒；不得用力拉、刮、挤、咬电缆。上井后要将矿灯及时交还矿灯房，以便检修和充电。

（4）矿灯存放的注意事项

应存放在阴凉、干燥、清洁的环境中，禁止放入水中，禁止靠近或投入火源中。

4. 戴好手套、口罩、眼罩、耳塞等

井下作业有时会接触对人体皮肤有伤害的物品。例如：喷射混凝土和灌注树脂锚固剂等，都必须戴好防护手套；采掘机司机在割煤时要戴防尘口罩，喷射混凝土要戴防护眼罩；风动凿岩机司机在钻眼时要戴耳塞。

第四节　煤矿工人工伤保险权利

一、工伤认定

1. 有下列情形之一的，应当认定为工伤

（1）在工作时间和工作场所内，因工作原因受到事故伤害的。

（2）工作时间前后在工作场所内，从事与工作有关的预备性或者收尾性工作受到事故伤害的。

（3）在工作时间和工作场所内，因履行工作职责受到暴力等意外伤害的。

（4）患职业病的。

（5）因工外出期间，由于工作原因受到伤害或者发生事故下落不明的。

（6）在上下班途中，受到非本人主要责任的交通事故或者城市轨道交通、客运轮渡、火车事故伤害的。

（7）法律、行政法规规定应当认定为工伤的其他情形。

2. 有下列情形之一的，视同工伤

（1）在工作时间和工作岗位，突发疾病死亡或者在 48 小时之内经抢救无效死亡的。

（2）在抢险救灾等维护国家利益、公共利益活动中受到伤害的。

（3）职工原在军队服役，因战、因公负伤致残，已取得革命伤残军人证，到用人单位后旧伤复发的。

有前款第（1）项、第（2）项情形的，按照有关规定享受工伤保险待遇；有前款第（3）项情形的，按照有关规定享受除一次性伤残补助金以外的工伤保险待遇。

3. 职工有下列情形之一的，不得认定为工伤或者视同工伤

（1）故意犯罪的。

（2）醉酒或者吸毒的。

（3）自残或者自杀的。

二、劳动能力鉴定

职工发生工伤，经治疗伤情相对稳定后，存在残疾、影响劳动能力的，应当进行劳动能力鉴定。

1. 劳动能力鉴定的分类

劳动能力鉴定是指劳动功能障碍程度和生活自理障碍程度的等级鉴定。

劳动功能障碍分为十个伤残等级，最重的为一级，最轻的为十级。

生活自理障碍分为三个等级：生活完全不能自理、生活大部分不能自理和生活部分不能自理。

2．劳动能力鉴定的方法和时限

（1）劳动能力鉴定方法

设区的市级劳动能力鉴定委员会收到劳动能力鉴定申请后，应当从其建立的医疗卫生专家库中随机抽取 3 名或者 5 名相关专家组成专家组，由专家组提出鉴定意见。设区的市级劳动能力鉴定委员会根据专家组的鉴定意见做出工伤职工劳动能力鉴定结论；必要时，可以委托具备资格的医疗机构协助进行有关的诊断。

（2）劳动能力鉴定时限

设区的市级劳动能力鉴定委员会应当自收到劳动能力鉴定申请之日起 60 日内做出劳动能力鉴定结论，必要时，做出劳动能力鉴定结论的期限可以延长 30 日。劳动能力鉴定结论应当及时送达申请鉴定的单位和个人。

3．劳动能力鉴定复查

（1）申请鉴定的单位或者个人对设区的市级劳动能力鉴定委员会做出的鉴定结论不服的，可以在收到该鉴定结论之日起 15 日内，向省、自治区、直辖市劳动能力鉴定委员会提出再次鉴定申请。省、自治区、直辖市劳动能力鉴定委员会做出的劳动能力鉴定结论为最终结论。

（2）自劳动能力鉴定结论做出之日起 1 年后，工伤职工或者其近亲属、所在单位或者经办机构认为伤残情况发生变化的，可以申请劳动能力复查鉴定。

三、工伤保险待遇

职工因工作遭受事故伤害或者患职业病进行治疗的，享受工伤医疗待遇。

1．治疗工伤所需费用

职工治疗工伤应当在签订服务协议的医疗机构就医，情况紧急时可以先到就近的医疗机构急救。

（1）治疗工伤所需费用符合工伤保险诊疗项目目录、工伤保险药品目录、工伤保险住院服务标准的，从工伤保险基金支付。工伤保险诊疗项目目录、工伤保险药品目录、工伤保险住院服务标准，由国务院社会保险行政部门会同国务院卫生行政部门、食品药品监督管理部门等部门规定。

（2）职工住院治疗工伤的伙食补助费，以及经医疗机构出具证明，报经办机构同意，工伤职工到统筹地区以外就医所需的交通、食宿费用，从工伤保险基金支付，基金支付的具体标准由统筹地区人民政府规定。

（3）工伤职工到签订服务协议的医疗机构进行工伤康复的费用，符合规定的，从工伤保险基金支付。

2. 社会保险行政部门做出认定为工伤的决定后发生行政复议、行政诉讼的，行政复议和行政诉讼期间不停止支付工伤职工治疗工伤的医疗费用。

3. 工伤职工因日常生活或者就业需要，经劳动能力鉴定委员会确认，可以安装假肢、矫形器、假眼、假牙和配置轮椅等辅助器具，所需费用按照国家规定的标准从工伤保险基金支付。

4. 停工留薪期内的待遇

（1）职工因工作遭受事故伤害或者患职业病需要暂停工作，接受工伤医疗的，在停工留薪期内，原工资福利待遇不变，由所在单位按月支付。

（2）停工留薪期一般不超过 12 个月。伤情严重或者情况特殊，经设区的市级劳动能力鉴定委员会确认，可以适当延长，但延长不得超过 12 个月。工伤职工评定伤残等级后，停发原待遇，按照本章的有关规定享受伤残待遇。工伤职工在停工留薪期满后仍需治疗的，继续享受工伤医疗待遇。

（3）生活不能自理的工伤职工在停工留薪期需要护理的，由所在单位负责。

5. 伤残工伤的待遇

（1）工伤职工已经评定伤残等级并经劳动能力鉴定委员会确认需要生活护理的，从工伤保险基金按月支付生活护理费。

（2）职工因工致残被鉴定为一级至四级伤残的，五级、六级伤残的，七级至十级伤残的，分别按有关规定享受一定待遇。

6. 工伤职工工伤复发，确认需要治疗的，享受规定的工伤待遇。

7. 职工因工死亡，其近亲属按照有关规定从工伤保险基金领取丧葬补助金、供养亲属抚恤金和一次性工亡补助金。

8. 职工再次发生工伤，根据规定应当享受伤残津贴的，按照新认定的伤残等级享受伤残津贴待遇。

第五节 煤矿工人应急自救互救

一、发生事故时现场人员的行动原则

1. 及时报告事故

发生灾害事故后，事故地点附近的人员应尽量了解事故性质、地点和灾害程度，迅速地利用最近处的电话或其他方式向矿调度室汇报，并迅速向事故可能波及的区域发出警报，使其他地点的作业人员尽快知道灾情。

报告事故时要尽量冷静，把事故情况说清楚；一时不清楚的，按领导指示，在保证自身安全前提下再调查，进行第二次汇报。

2. 积极消除灾害

根据灾情和现场条件，在保证自身安全的前提下，采取积极有效的方法和措施，积极消除灾害，对受伤人员及时进行现场抢救，将事故消灭在初始阶段或控制在最小范围，最大限度减小事故造成的损失。

3. 安全撤离灾区

当受灾现场不具备事故抢救的条件，或抢救事故可能危及人员安全时，应按规定的避灾路线和当时的实际情况，尽量选择安全条件最好且距离最短的路线，迅速撤离危险区域。撤离时要做到有条不紊，应在有经验的班组长或老工人的带领下顺序撤退。

4. 妥善进行避灾

在受灾现场无法撤退时，如矿井冒顶堵塞、火焰或有害气体浓度过高无法通过和自救器有效工作时间内不能到达安全地点时，应迅速进入预先筑好的或就近快速建造的避难硐室、救生舱或压风自救硐室，妥善避灾，等待矿山救护队的救援。

在避灾时要及时加强个人防护，如佩戴自救器以防止有毒有害气体侵入、加固附近支架以防止顶板塌冒等。注意给外面救援人员留有信号。如在岔口明显处挂上衣物、写上留言；用矿灯照亮；敲击铁管、顶板或金属支架发出声响。并注意不要暴饮暴食，不要情绪急躁、盲目乱动。

二、灾害事故时自救互救方法

1. 发生冒顶事故时的自救互救方法

（1）当发现作业现场即将发生冒顶时，最好的方法就是迅速离开危险区，撤退到安全地点。

（2）躲在木垛下方或靠煤壁贴身站立。

因为木垛支撑面积大，稳定性好，顶板一般不会压垮或推倒木垛，躲在木垛下方可以对遇险者起到保护作用。同时，煤壁上方的顶板由于受到煤壁的支撑作用，仍为整体，不至于变得破碎，顶板沿煤壁冒落的情况很少，冒顶时靠煤壁贴身站立相对比较安全。

（3）冒顶遇险后立即发出求救信号

遇险人员只要能呼叫和行动，就要采用敲击钢轨、铁管、铁棚、顶底板和矸石等物件的方法，发出有规律、不间断的求救信号，以便让外面未遇险人员及时组织抢扒营救。另外，冒顶后遇险人员发出求救信号，还可以给营救人员明确其所在的位置，避免抢扒行动走弯路，争取时间，快速扒到遇险人员附近。但是，在发出求救信号时，千万不要敲击对自己安全有威胁的物料和煤岩块，以免造成新的冒落，加剧对遇险人员自身的伤害。

（4）维护被困地点的安全

巷道发生冒顶时，被围困的遇险人员应该利用现场材料维护加固冒落区的边缘和避灾地点的支架，并经常进行检查，以防止冒顶继续扩大至避灾地点，防止避灾地点发生新的冒顶，保障被围困人员的避灾安全。

（5）及时汇报被围困情况

若被围困地点附近有电话，应及时用电话向矿调度室汇报冒顶位置、冒顶范围、被围困人数和计划采取的应急自救互救措施。在未征得上级领导同意时，不要盲目行动。

（6）打开压风管和自救系统阀门

若被围困地点附近有压风管或压风自救系统，应及时打开阀门；如果压风管在该处没有阀门，可以临时拆开管路，给被围困巷道空间输送新鲜空气，稀释瓦斯和其他有害气体浓度，同时注意被围困遇险人员的身体保暖。

（7）做好长期避灾准备

被围困遇险人员应在避灾地点迅速组织起来，听从班组长和有经验老工人的安排和指挥。要尽量减少体力消耗，有计划地食用食物，轮换着打开矿灯，做好长时间避灾待救的思想和物质准备。若被围困时间较长，不要过量吃外面通过钻孔输送进来的食物。

（8）创造条件脱险逃生

1）被围堵遇险人员应在遇险地点维护好附近支架，保持支护完整，保证冒顶范围不再向自己避灾地点蔓延扩大，确保遇险人员的生命安全。

2）被围堵遇险人员在有条件的情况下，应积极利用现场材料疏通脱险通道，创造条件脱险逃生；或者配合外部的营救工作，为提前脱险创造条件。

2. 发生瓦斯煤尘爆炸事故时的自救互救方法

（1）瓦斯煤尘爆炸前的预兆

据亲身经历过爆炸现场的人员讲，瓦斯煤尘爆炸前，感觉到附近空气有颤动的现象发生，有时还会发出"嘶嘶"的空气流动声音，人的耳膜有震动的感觉。当然这些预兆都是轻微不明显的。所以，井下人员在现场不要打闹、嬉戏、斗殴，要集中精力观察周围发生的一切，一旦遇到或发现以上现象，就要意识这是发生爆炸事故的预兆，就有可能马上发生爆炸事故，应该立即沉着、冷静、迅速地采取应急自救互救措施。

（2）背向空气颤动的方向俯卧在地

当发现爆炸预兆，或者爆炸事故发生后听到爆炸声响和感觉到空气冲击波时，现场作业人员要立即背向空气颤动的方向，俯卧在地，面部贴在地面，双手置于身体下面，闭上眼睛，以减少受冲击面积，避开冲击波的强力冲击，减少伤害的程度。

（3）用衣物护好身体，避免烧伤

爆炸高温火焰延续的时间极短，一瞬即过。矿工在井下一定要正确穿戴劳动保护用品。瓦斯煤尘爆炸时，要用衣物护好身体，避免烧伤。

（4）立即佩戴自救器

爆炸事故发生后，产生大量有害气体，容易造成现场人员中毒窒息，这是爆炸事故死亡人数多的主要原因。现场作业人员应立即佩戴好自救器，迅速撤出受灾巷道，到达新鲜风流处。禁止无任何救护仪器和防护条件的工人盲目进入灾区抢险，以免造成无谓伤亡，防止事故扩大。

（5）迅速撤离灾区

爆炸事故发生后，现场作业人员要佩戴好自救器，选择距离最近、安全可靠的避灾路线，迅速撤离灾区，到达新鲜空气处。在撤退时尽量注意弯下腰沿巷道下部前进，因为瓦斯密度较小，在巷道下部瓦斯含量较少。

（6）在安全地点妥善避灾待救

在爆炸事故发生后，如果往安全地点撤退的路线受阻，或者冒顶、积水使人难以通过时，不要强行跨越，应当迅速地就近选择地点，妥善避灾待救。避灾地点应选择通风良好、支护完好的安全地点。在避灾中应注意以下几点。

1）利用一切可以利用的现场材料修建临时避难硐室，等待外面救援人员前来营救。

2）在避灾地点外面构筑风障、挡板，留标记、衣服等物品，防止有害气体侵入，方便救援人员发现。

3）如附近有压风管路或压风自救系统，应及时打开阀门，放出新鲜空气并戴上呼吸器。

4）在避灾地点要使用一盏矿灯照明，其余矿灯全部关闭。所剩食品和水要节约饮用，做好长时间避灾的准备。

（7）发生煤与瓦斯突出事故时预防延期突出

必须随时提高警惕，注意预防延期突出带来的危害。现场作业人员要做到：只要出现突出预兆，必须立即撤退到安全地点，待确认不会发生突出后，再返回现场进行作业。

1）煤与瓦斯突出预兆出现后，现场作业人员要迎着风流沿避灾路线往矿井安全出口方向撤退。

2）如附近设置有防突反向风门，要迅速撤退到附近的防突反向风门之外，把防突反向风门关好后继续外撤。

3）如附近安装有压风自救系统，要立即躲到压风自救系统中待救；也可寻找有压风管路或铁风管的巷道硐室暂避，打开压风管路或铁风管的阀门，形成正压通风，以延长避灾时间，并设法与外界保持联系。

4）要避免在撤退时或避灾待救时发生金属物件碰撞，产生火花，引发瓦斯爆炸事故。

5）撤出的安全距离与突出强度有关，要按照本矿防突措施的规定撤到安全地点。

3. 发生火灾事故时的自救互救方法

（1）及时扑灭初始火灾

火灾一般都是由小变大的，而且这个过程要延续一段时间。在现场及时发现火情，能有效地将火灾扑灭在初始阶段。

现场作业人员扑灭初始火灾的主要方法就是进行直接灭火。根据现场具体条件，可以采用喷射化学灭火器灭火、用水灭火、用沙子覆盖火源等方法。

（2）迅速撤离火灾现场

矿井火灾发生后，火势很大，现场作业人员不能采用直接灭火的方法将火扑灭，或者现场不具备直接灭火的条件，应立即佩戴自救器撤离灾区，迅速撤离火灾现场。

位于火源进风侧的人员，应迎着新鲜风流撤退；位于火源回风侧的人员，如果距离火源较近且越过火源没有危险时，可迅速穿过火区冲到火源的进风侧。撤退时应在靠近巷道有连通出口的一侧，以便寻找有利时机进入安全地点。

（3）在高温烟雾巷道中撤退

1）一般情况下，不要逆烟雾风流方向撤退，因为这样会带有很大的危险性。在特殊情况下，如在附近有脱离灾区的通道出口且有把握脱险时，或者只有逆烟撤退才有求生希望时，才采取逆烟流方向撤退。

2）在有高温烟雾巷道里撤退时，注意不要直立奔跑。在烟雾不严重时，应尽量躬身弯腰，低着头迅速行进；而在烟雾大、视线不清或温度高时，则应尽量贴着巷道底板及其一侧，摸着铁道、管道或棚腿等急速爬出。

3）在高温浓烟巷道中撤退时，还应利用水沟中的水、顶板和巷壁淋水或巷道底板积水浸湿毛巾、工作服或向身上洒水等方法进行人体降温，减小体力消耗；同时，还应注意利用随身物件或巷道中的风帘布等遮挡头面部，以防高温烟气的刺激和伤害。

4. 发生透水时的应急自救互救方法

（1）要迅速撤离灾区

1）现场作业人员在钻眼时，发现钻孔中意外出水，要立即停止钻进，并且不要将钻杆拔出，及时向矿调度室汇报。

2）在突水迅猛的情况下，现场作业人员应避开出水口和水流，迅速躲避到附近硐室、拐弯巷道或其他安全地点。

3）在透水时水流很急，来不及躲避的情况下，现场作业人员应抓住棚子或其他固定物件，以防被水流冲倒、带跑。附近没有棚子或其他固定物件时，现场作业人员应互相手拉手、肩并肩地抵住水流。

4）如果矿井透水的水源为采空区积水，使灾区有害气体浓度增加时，现场作业人员应立即佩戴自救器。

5）在透水危及现场作业人员安全时，应按照规定的安全避灾路线，迅速撤离灾区，并关闭有关巷道的防水闸门。

6）在正在涌水的巷道中撤离时，应靠近巷道的一侧，抓牢巷道中的棚腿和棚梁、水管、压风管和电缆等固定物件；尽量避开压力水头和水流；注意防止被涌水带来的矸石、木料和设备等撞伤；双脚要站实踩稳，一步步前进，避免在水流中跌倒。万一跌倒，要双手撑地，尽量使头部露出水面，并立即爬起。

7）如果在撤退途中迷失方向，且安全标记已被水冲毁，一般应沿着风流通过的上山巷道撤退。

8）在条件允许的情况下，迅速撤往透水地点以上的巷道，而不能进入透水地点附近或透水地点的下方独头巷道。

（2）被水围困时的应急自救互救

矿井透水后，当现场作业人员撤退路线被涌水阻挡去路时，或者因水流凶猛而无法穿越时，应选择离井筒或大巷最近处、地势最高的上山独头巷道暂避。迫不得已时，还可爬上巷道顶部高冒空间，等待矿上救援人员的到来，切忌采取盲目潜水逃生等冒险行动。

被水围困时应注意如下问题。

1）进入避难地点以前，应在巷道外口留设文字、衣物等明显标记，以便救援人员能及时发现，组织营救。

2）对避难地点要进行安全检查和必要的维护，支护不好、插背不严的要利用就近材料处理好。还应根据现场实际需要，设置挡帘、挡板或挡墙，防止涌水和有害气体的侵入。

3）在避难地点进行避难待救时，应间断地、有规律地敲击铁管、铁轨、铁棚或顶底板等物体，向外发出求救信号。

4）在避难地点若无新鲜空气，或有害气体大量涌出，附近有压风管的，应及时打开压风管阀门，放出新鲜空气，供被困人员呼吸。如果附近有压风自救系统，应及时打开自救系统。

5）注意避灾时的身体保暖。若有湿衣服应该将其拧干；若多人同在一处避难，可互相依偎、紧靠取暖，或将双脚埋在干煤堆中保暖。

6）注意节省矿灯的能量。若多人同在一起避灾，只使用一盏矿灯照明，熄灭其他矿灯，以保证避灾区尽量长时间照明。

7）被围困期间断绝食物后，遇险人员少饮或不饮不洁净的水，以免中毒。需要饮水时，选择适合的水源，并用干净衣布过滤。不能吞食煤块、胶带、电缆皮、衣料、纸团、棉絮和木料等物品。

8）当矿救援人员到来时，遇险人员要控制住自己的情绪，防止过度兴奋和慌乱；不可吃过量、过硬食物；要避开强烈光线，以防止伤害眼睛。

三、现场创伤急救的主要方法

现场创伤急救的主要方法包括伤工搬运、人工呼吸、心脏复苏、止血、创伤包扎和骨折临时固定六项。

1. 伤工搬运方法

（1）搬运伤工一般注意事项

1）在搬运转送以前，一定要先做好对伤工的检查和进行初步的急救处理，以保证转运途中的安全。

2）要根据伤情和当地具体情况，选择适当的搬运方法。

3）用担架抬运伤工时，应使其脚在前、头在后。这样可以使后面的抬送人员随时看清其面部表情，如发现异常情况，能及时停下来进行抢救。

4）搬运过程中，动作要轻，脚步要稳，步伐一定要迅速而一致，要避免摇晃和震动，更不能跌倒。

5）沿斜巷往上搬运时，应头在前、脚在后，担架尽量保持前低后高，以保证担架平稳，使伤工舒适；沿斜巷往下搬运时则反之。

6）在抬运转送伤工过程中，一定要为伤工盖好毯子或衣服，使其身体保暖，防止受寒受冻。

7）将伤工抬运到矿井大巷后，如有专用车辆转送，一定要把担架平稳地放在车上并固定，或急救者始终用手扶住担架，行驶速度不宜太快，以免颠簸。

8）抬送伤工时，急救者一定要始终保持沉着镇静，不论发生什么情况，都不可惊慌失措。将伤工搬运到井上后，应向接管医生详细介绍受伤情况及检查、抢救经过。

（2）危重伤工搬运时的注意事项

1）对呼吸、心跳骤停及休克昏迷的伤工应先及时复苏后再搬运。大出血的伤工一定要先止血、后搬运。

2）对昏迷或有窒息症状的伤工，要把其肩部稍垫高，使头部后仰，面部偏向一侧或采取侧卧位和偏卧位，以防胃内呕吐物或舌头后坠堵塞气管而造成窒息。

3）对脊柱损伤的伤工，要严禁让其坐起、站立和行走，也不能用一人抬头、一人抱腿或一人背的方法搬运，应用硬板担架运送。因为当脊柱损伤后，再弯曲活动时，有可能损伤脊髓而造成截瘫，甚至突然死亡，所以在搬运时要十分小心。

4）对颈椎损伤的伤工，搬运时要有一人抱其头部，轻轻地向水平方向牵引，并且固定在中立位仰卧，不使颈椎弯曲，严禁左右转动。担架应用硬木板，肩下应垫软枕或衣物，注意颈下不可垫任何东西，头部两侧固定，切忌抬头。如果伤工的头与颈已处于歪曲不正状态，不可勉强扶正，以免损伤脊髓而造成高位截瘫，甚至突然死亡。

5）对胸、腰椎损伤的伤工，要把担架放在其身边，由专人照顾伤处，另外 2～3 人在保持脊柱伸直情况下，用力轻轻将其推滚到担架上，推动时用力大小、快慢要保持一致。伤工在硬板担架上仰卧，受伤部位垫上薄垫或衣物，严禁坐起或肩背式搬运。

6）对颅脑损伤的伤工，在搬运途中要用垫子或衣服将头部垫好，设法减少颠簸，注意维持呼吸道通畅。

7）对腹部损伤的伤工，搬运时应将其仰卧于担架上，膝下垫衣物，使腿屈曲，防止因腹压增高而加重腹痛和内脏膨出。

8）对骨盆损伤的伤工，搬运时应仰卧在担架上，双膝下垫衣物，使腿屈曲，以减少骨盆疼痛。

伤工搬运方法如图 6—1 所示。

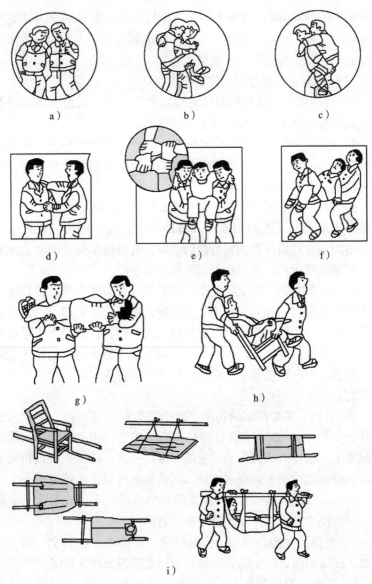

图6—1　伤工搬运方法

a）扶持法　b）抱持法　c）背负法　d）椅托法　e）桥扛式

f）拉车式　g）平卧托运法　h）椅式搬运法　i）担架搬运法

2. 人工呼吸法

（1）口对口吹气法

急救者的口对着伤工的口，向伤工的肺里吹气。

1）使伤工仰卧，急救者在伤工头部一侧，一手托起伤工颈部或下颌，另一手捏紧其鼻孔，以免吹气时从鼻孔漏气。

2）急救者深吸一口气，口唇紧包伤工口唇，迅速向伤工口内用力吹气，使其产生吸气。

3）松开捏鼻的手，并用一手压其胸部，以帮助呼气。

以上步骤每分钟做 14～16 次，有节奏、均匀地反复进行，直至伤工恢复自主呼吸为止。注意吹气时切勿过猛、过短，也不宜过长，以占一个呼吸周期的 1/3 为宜。

口对口人工呼吸法如图 6—2 所示。

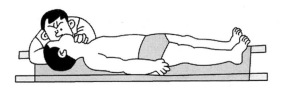

图 6—2　口对口人工呼吸法

（2）仰卧压胸法

1）伤工仰卧，急救者跨跪在伤工大腿两侧，两手拇指向内，其余四指向外伸开，平放在其胸部两侧乳头之下，借半身重力压伤工胸部，挤出其肺内空气。

2）急救者身体后仰，除去压力，伤工胸部依靠弹性自然扩张，使空气吸入肺内。

以上步骤每分钟做 16～20 次，有节律、均匀地反复进行，直至伤工恢复自主呼吸为止。此法不能用于胸、背部外伤，肋骨骨折或 SO_2、NO_2 中毒者，也不能与胸外心脏按压法同时进行。

仰卧压胸法如图 6—3 所示。

（3）俯卧压背法

1）将伤工仰卧，头转向一侧。急救者骑跪于伤工大腿两侧，两手拇指向内，其余四指向外伸开，放于肩胛内下方，小指置肋弓下缘。借半身重力压伤工胸部，并且使其腹部横膈上升形成呼气。

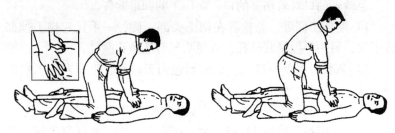

图6—3 仰卧压胸法

2）急救者身体后仰，除去压力，伤工胸部依靠弹性自然扩张，形成吸气。

以上步骤每分钟做14～16次，有节律、均匀地反复进行，直至伤工恢复自主呼吸为止。此法一般用于溺水窒息的伤工，呼吸时，使其吐出水和其他分泌物。

俯卧压背法如图6—4所示。

（4）举臂压胸法

1）将伤工仰卧，肩胛下用衣物等垫高。头转向一侧，上肢平放在身体两侧。急救者的两腿分别跪在伤工头部两侧，面对伤工全身，双手握住伤工两前臂近腕关节部位，把伤工手臂拉直过头放平，胸部被迫形成吸气。

2）将伤工双手放回胸部下半部，肋关节屈曲成直角，稍用力向下压，使胸部缩小形成呼气。

以上步骤每分钟做14～16次，有节律、均匀地反复进行，直至伤工恢复自主呼吸为止。此法不适用于胸肋受伤者。

3．心脏复苏

（1）心前区叩击法

手握拳在距离胸部上方30毫米高度向胸骨下段部位捶击，注意叩击力度，在连续叩击3～5次后，应观察脉搏和心音，若恢复则表示复苏成功；反之，应立即放弃，改用胸外心脏按压术。

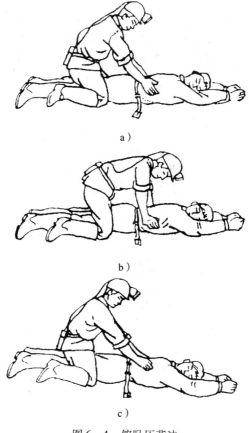

a）

b）

c）

图6—4 俯卧压背法

（2）胸外心脏按压法

1）将伤工仰卧，头稍低于心脏水平，解开上衣和腰带，脱掉胶鞋。急救者位于伤工左侧，手掌面与前臂垂直，一手掌面压在另一手掌面上，使双手重叠，置于伤工胸内1/3处（其下方为心脏），以双肘和臂肩之力有节奏地、冲击式地向脊柱方向用力按压，使胸骨压下3~4厘米（有胸骨下陷的感觉即可），为心脏恢复自主节奏创造条件。

2）按压后迅速抬手，使胸骨复位，以利于心脏的舒张。

　　以上步骤每分钟做 60～80 次，有节律、均匀地反复进行，直至恢复心脏自主跳动为止。按压过快，心脏舒张不充分，心室内血液不能完全充盈；按压过慢，动脉压力低，效果也不好。此法应与口对口吹气法同时进行，一般每按压心脏 4 次，口对口吹气 1 次。切忌用力过猛或者按压在心尖部，否则可能造成肋骨骨折、心包积血或引起气胸等。

　　胸外心脏按压法如图 6—5 所示。

图 6—5　胸外心脏按压法

4. 止血法

常用的暂时性止血方法有以下五种。

（1）手压止血法

用手指、手掌或拳头将出血部位靠近心脏一端的动脉用力压住，以阻断血流，达到临时止血的目的。这是现场急救最简捷、最有效的临时止血措施，适用于头、面部及四肢的动脉出血。采用此法止血后，应尽快采用其他更有效的止血措施。

手压止血法如图 6—6 所示。

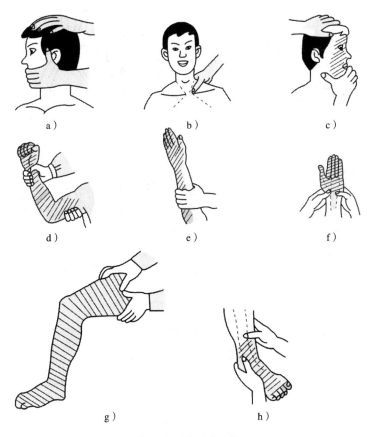

图6—6　手压止血法

a）头顶部出血　b）肩腋部出血　c）颜面部出血　d）上臂出血
e）前臂出血　f）手掌出血　g）大腿出血　h）足部出血

（2）加压包扎止血法

这是最常用的有效止血方法，适用于全身各部位的静脉出血。将干净毛巾或消毒纱布、布料等盖在伤口出血处，随后用布带、绷带或三角巾加压缠紧，并将肢体抬高，也可在肢体的弯曲处加垫，然后用布带缠好，即可止血。

加压包扎止血法如图6—7所示。

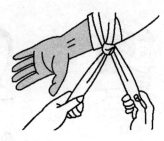

图 6—7　加压包扎止血法

（3）加垫屈肢止血法

当前臂和小腿动脉出血不止时，如果没有骨折或关节脱位，可采用加垫屈肢止血法。在肘窝或膝窝处放上叠好的毛巾或布卷，然后屈肘关节或屈膝关节，再用绷带或宽布条等将前臂与上臂、小腿与大腿固定好。

加垫屈肢止血法如图 6—8 所示。

图 6—8　加垫屈肢止血法

（4）绞紧止血法

如果没有止血带，可用毛巾、三角巾或衣料等折叠成带状，在伤口上方给肢体加垫，用叠好的带状物绕加垫肢体一周打结，用小木棒插入其中，先提起绞紧至伤口不出血，然后固定。

（5）止血带止血法

通常用橡皮止血带，也可用大三角巾、绷带、手帕、布腰带等代替止血带，但不准使用电线或绳子。止血带可以把伤口近心端血管压住，达到止血的目的，此法适用于四肢大出血。

止血带止血法如图 6—9 所示。

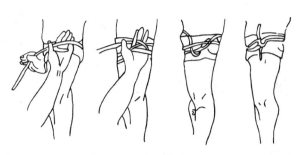

图6—9 止血带止血法

5. 创伤包扎法

（1）绷带包扎法

1）环形包扎法。将绷带作环形重叠缠绕肢体数圈后，剪开带尾打结。此法适用于头部、颈部、腕部和胸部。

2）螺旋包扎法。先用环形片固定起始端，把绷带渐渐地倾斜上缠或下缠，每圈压前圈的1/3～1/2，依次螺旋上升，直到把创面包住，然后撕开绷带打结。此法适用于前臂、下肢和手指等部位的包扎。

3）螺旋反折包扎法。先做螺旋法包扎，绕到变粗的部位，以一手拇指按住绷带，另一手将绷带自绞点反折向下，并遮盖前圈的1/3～1/2。各圈反折应排列整齐，反折头不宜在伤口或滑头突出部分。该法多用于四肢。

4）"8"字环形包扎法。先在关节中部环形包扎两圈，然后以关节为中心，一圈向上、一圈向下缠绕，两圈在关节屈侧交叉，后圈压住前圈的1/2，如此依次缠绕数圈，最后撕开绷带打结。该法适用于关节部位的包扎。

（2）三角巾包扎法

将一块1米×1米的布沿对角线剪开，即成两块大三角巾。在井下也可以将衣服布片折成三角形代替。三角巾用途多种多样，适用于身体面部、头部、肩部、胸（背）部、腹部、手足等各部位的包扎。

三角巾包扎法如图6—10所示。

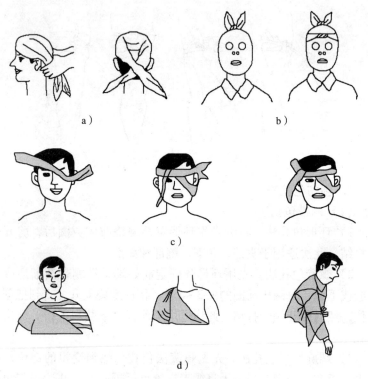

图6—10　三角巾包扎法

a）头部　b）面部　c）眼部　d）肩部

（3）毛巾包扎法

1）头部包扎法。将毛巾横盖于头顶部，包住前额，两角拉向头后打结，两后角拉向下颌打结。

另一种包扎法是将毛巾横盖于头顶部，包住前额，两前角拉向头后打结，两后角向前折叠，左右交叉绕到前额打结。如果毛巾短可加一小带。

2）面部包扎法。将毛巾横置，盖住面部，向后拉紧毛巾的两端，在耳后将两端的上下角交叉后分别打结。位于眼、鼻和嘴处剪一小口。

3）手（足）包扎法。将毛巾放平，指端对着毛巾一角，翻起此角盖于手（足）背，毛巾同一端的另一角也翻过手（足）背压于手（足）掌下，将毛巾围绕手（足）掌进行包扎，在腕（踝）部加带固定。

毛巾包扎法如图6—11所示。

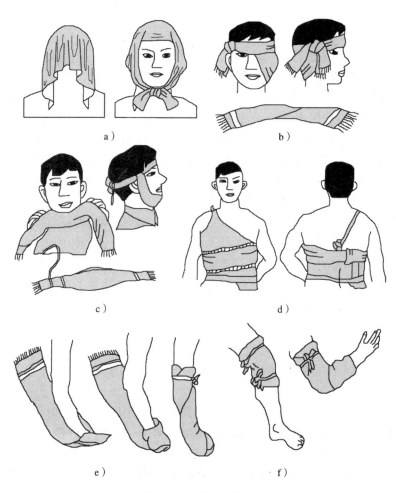

a）　　　　　　　　　　　b）

c）　　　　　　　　　　　d）

e）　　　　　　　　　　　f）

图6—11　毛巾包扎法

a）头部包扎法　b）眼部包扎法　c）下颌包扎法

d）胸部包扎法　e）手臂包扎法　f）肘（膝）关节包扎法

（4）四头带包扎法

四头带就是将折叠好的方形敷料的四个角各绑一条小带而成。在井下现场可以利用宽布料或毛巾来制作。此法适用于额部、后头部、眼部、下颌及鼻子的伤口包扎。

6. 骨折的临时固定

（1）前臂骨折临时固定方法

1）使用夹板时，在前臂的掌侧和背侧各放置一块夹板，用三角巾或布条将夹板两端分别固定。然后前臂屈曲90°，用大悬臂带悬吊于胸前。

2）不使用夹板时，可利用伤工身上的工作服进行临时固定。将伤工衣襟反折兜住前臂，衣襟角剪一个小孔，扣在第二个纽扣上，再将上臂用布带绕胸固定。或用三角巾或衣服布片做大悬带将前臂吊于胸前，然后用一条宽布带将上臂与胸部绑在一起固定。

（2）上臂骨折临时固定方法

1）使用夹板时。可用1~3块夹板。当使用一块夹板时，夹板放在上臂外侧；用两块夹板时，夹板放在上臂的内、外侧各一块；用三块夹板时，夹板放在上臂的前、后、外侧各一块。夹板与上臂之间要放衬垫，然后用三角巾或布条等将骨折部位的上下两端绑在上臂固定。再用一条三角巾做小悬臂带，将前臂屈曲90°，吊于胸前。

2）不使用夹板时。将三角巾或衣服布片折成四指宽的带状，将上臂固定在胸部一侧，再将前臂屈曲90°，吊于胸前。

（3）小腿骨折临时固定方法

1）使用夹板时。可用1~2块夹板。当使用一块夹板时，夹板放在小腿外侧；用两块夹板时，夹板放在小腿的内、外侧各一块。用三角巾或绷带、布条等在骨折部位的上下两端、膝关节、踝关节、大腿等五个部位加以固定。踝关节与膝关节处加垫。夹板的长度应为从大腿中部到足跟。

2）不使用夹板时。将伤工两小腿并列，用三角巾或绷带、布条等在骨折部位的上下两端、膝关节等三个部位加以固定，踝关节与足用一块三角巾做"8"字形固定。

（4）大腿骨折临时固定方法

1）使用夹板时。将长夹板（长度为从腋下到足跟）放在大腿外侧；短夹板（长度为从大腿根到足跟）放在大腿内侧。用三角巾或绷带、布条等在骨折部位的上下两端、踝关节、膝关节、小腿中部、髋部和腰部等七个部位加以固定。在踝关节与膝关节处加垫。

2）不使用夹板时。将伤工受伤的下肢与没有受伤的下肢用三角巾等分段绑在一起加以固定。捆绑部位同使用夹板时。

（5）肋骨骨折的临时固定方法

用两条三角巾或衣服布片折成宽四指的布带，在伤工深吸气后，立即围胸固定，在未受伤的胸前打结。

骨折固定法如图6—12所示。

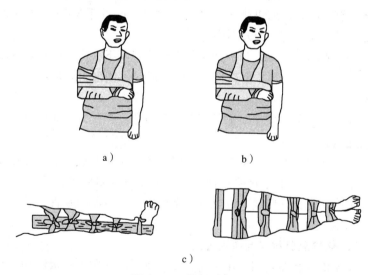

a）   b）

c）

图6—12　骨折固定法

a）上肢骨折固定法　b）前臂骨折固定法　c）小腿骨折固定法

四、自救器的使用方法

自救器是一种轻便、体积小、便于携带、使用便利、作用时间较短的个人呼吸保护装置。入井人员必须随身携带自救器。

1. 自救器使用的一般注意事项

（1）自救器由矿井集中管理，实行专人专用。自救器的专管人员负责自救器的日常检查和维护，随身携带的化学氧自救器每月检查1次；压缩氧自救器每半年检查1次；受到剧烈撞击、有漏气可能的自救器，应随时进行气密性和增重检查。

（2）凡开启过的化学氧自救器，无论使用时间长短，都应报废，不准重复使用。开启过的压缩氧自救器，应由维修人员进行涮洗、消毒、充气和更换二氧化碳吸收剂。

（3）矿井应当负责对下井人员进行自救器及其使用方法的培训和训练。新工人下井前必须达到30秒内完成佩戴自救器的熟练程度。

（4）化学氧自救器佩戴初期，生氧剂放氧速度慢，如果条件允许，应尽量缓慢行进，如没有被炸、被烧、被埋和被堵的危险时，等氧足够呼吸时再加快速度。撤退时最好按4~5千米/小时的速度行走，呼吸要均匀，千万不要跑。

（5）佩戴过程中，口腔产生的唾液可以咽下，也可任其自然流入口水盒中，决不可拿下口具往外吐；同时不能因为擤鼻涕而摘掉鼻夹。

（6）在未到达安全可靠的新鲜风流以前，严禁以任何理由摘下鼻夹和口具。

（7）下井时自救器应当随身携带，不能乱扔乱放，也不准在井下集中存放。要注意爱护保管好自救器。发现自救器出现异常现象，不能擅自打开修复，应当及时交给矿井自救器的专管人员进行检查和维护。

2. 化学氧自救器的使用方法

化学氧自救器是利用化学药品和人体呼出气体中的水汽和二氧化碳相结合，经生氧反应装置产生氧气的个人呼吸救护装置。

化学氧自救器及其使用方法如图6—13所示。

（1）开启扳手

先将自救器沿腰带转到右侧腹前，左手托住外壳体下部，右手开启压紧扳手，把封口带拉开并扔掉。

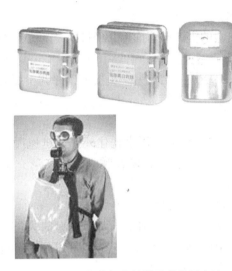

图6—13　化学氧自救器及其使用方法

（2）打开外壳

用一只手握住外壳体，另一只手把外壳盖用力扯开并扔掉。当外壳打开时，系在外壳盖里侧的尼龙绳将启动针拔出。这时，葫芦形硫酸瓶被拉破，硫酸与启动块发生作用，放出大量氧气，并使气囊逐渐鼓起，此时即可佩戴使用。若尼龙绳被拉断，气囊未鼓，可以直接拉起启动环。若开始时气囊鼓起困难，可用嘴往里吹气，使其鼓起。

（3）挎上背带

将呼吸导管一侧贴身，把背带挎在脖子上，并调整好其长度。

（4）咬住口具

拔掉口具塞并立即将口具放入口中，口具片置于唇齿之间，牙齿紧紧咬住牙垫，紧闭嘴唇。

（5）戴上鼻夹

两手同时抓住鼻夹垫的两个圆柱形把柄，将弹簧拉开，憋住一口气，使鼻夹垫准确地夹住鼻子下半部软处，使佩戴者不能通过鼻孔进出气。

（6）绑口水盒

将口水降温盒的绑带顺着面部，经过两耳上方系于头后。

（7）系好腰带

将腰带的一头绕过后腰与另一头接上，并调整好其长度，以防止自救器摆动。

（8）撤离灾区

上述 1~7 步骤完成后，用手托住外壳体迅速撤离灾区。若感到吸气不足时，应放慢脚步，做长呼吸，待气量充足时再快步行走。

3. 压缩氧自救器的使用方法

压缩氧自救器本身装有高压氧气瓶，佩戴时人员呼吸所需要的氧气由高压氧气瓶供给，所以不受外界空气成分的限制。

（1）开启扳手

将自救器转到右侧腹前，左手托住下壳，右手开启压紧扳手，把封口带拉开并扔掉。

（2）掰开外壳

两手紧握自救器两端，用力将外壳掰开。打开上盖，然后左手抓住氧气瓶，右手用力向上提上盖，系在上盖里侧的尼龙绳连接的拉环将氧气瓶开关自行打开。扔掉上盖，接着将主机从下壳中取出并扔掉下壳。这时，氧气瓶中放出的氧气将氧气袋鼓起，此时即可佩戴呼吸。在呼吸的同时，按动补给按钮，1~2 秒内将氧气袋充满后立即停止。

（3）套上脖带

将矿工安全帽取下，套上脖带，再戴上矿工帽。

（4）咬住口具

拔开口具塞并立即将口具放入口中，口具片置于唇齿之间，牙齿紧紧咬住牙垫，紧闭嘴唇。

（5）戴上鼻夹

两手同时抓住鼻夹垫的两个圆柱形把柄，将弹簧拉开，憋住一口气，使鼻夹垫准确地夹住鼻子下半部软处，佩戴者不能通过鼻孔进出气。

（6）挂上腰钩

将腰钩挂在腰带上，防止自救器摆动。

（7）撤离灾区

以上 1~6 步骤完成后，用手托住主机迅速撤离灾区。在使用过程中，如发现氧气袋空，供气不足时，要按动手动补给阀，1~2 秒后将要充满氧气袋时，立即停止。

4. 使用压缩氧自救器的注意事项

压缩氧自救器的优点是工作性能稳定可靠、操作简单、供气灵敏、佩戴温度低，在每次使用后只需要更换吸收二氧化碳的氢氧化钙吸收剂和重新充装氧气即可重复使用，不受使用年限的限制。自救器出现故障也可以进行修理。但压缩氧自救器价格较贵，所以在使用时要特别注意保管和爱护。

（1）压缩氧自救器氧气瓶中装有高压氧气，携带过程中要防止撞击、磕碰或当坐垫使用，更不能用锤子砸自救器。注意防止刺破氧气袋。

（2）携带过程中严禁开启扳手，以免打开外壳，防止事故时佩戴无氧气供给。

（3）佩戴时不要说话，必要时用手势联系。在佩戴时吸入气温较高是正常现象，必须坚持佩戴。

（4）在携带过程中应经常检查自救器结构的完整性和完好性，一旦发现问题，立即维修，否则不能携带下井。胶制零部件发生变形、龟裂或损坏，应及时更换，在保存条件较好的情况下，呼吸软管可每 5 年更换一次。

（5）井下使用的压缩氧自救器要定期和随时检查氧气压力。如发现压力指示值小于 18 兆帕（20℃时），应停止使用，并进行维修和重新充氧。

（6）自救器应定期进行性能检查，并将检查结果做好记录并保存备查。自救器氧气瓶每 3 年进行一次耐压试验。

（7）使用环境低于 0℃时，中断使用后不允许继续使用。

（8）自救器在使用、存放时，均不得与油污、腐蚀性物质接触，不能与易燃、易爆品一起存放。

（9）不允许用自救器代替工作型氧气呼吸器，从事与自救器功能不相符的工作。

（10）每次佩用后，都要重新充氧和更换 CO_2 吸收剂 $Ca(OH)_2$，换吸收剂前要将氧气袋、呼吸软管、口具、口具塞等彻底清洗消毒，晾干后再进行组装，并将食用淀粉涂在氧气袋上。清洗剂最好是中性的。

复习思考题

1. 煤矿工人危险因素知情权包括哪些内容？
2. 煤矿工人应当怎样遵章守规、服从管理？
3. 煤矿企业必须在哪三个时期为工人进行职业健康查体？
4. 煤矿矿长保护矿工生命安全有几条规定？
5. 劳动合同订立的原则是什么？
6. 矿灯有什么作用？
7. 在上下班途中，受到非本人主要责任的交通事故伤害的，能否认定为工伤？
8. 简述发生事故时现场人员的行动原则。
9. 简述发生瓦斯煤尘爆炸事故时的自救互救方法。
10. 在高温烟雾巷道中撤退，应注哪些事项？
11. 在正在涌水的巷道中撤离，应注哪些事项？
12. 创伤现场急救主要有哪些方法？
13. 简述搬运伤工的一般注意事项。
14. 如何进行口对口人工呼吸？
15. 简述化学氧自救器的使用方法。
16. 井下使用的压缩氧自救器压力指示值小于多少时应停止使用？

附录一 《煤矿企业新工人三级安全教育读本》考试试卷（井工煤矿）

一、判断题

1. 未经安全生产教育和培训合格的从业人员，不得上岗作业。（　　）

2. 对新工人的安全教育培训分为二级来进行，即区队级和班组级。（　　）

3. 违章作业是造成煤矿各类灾害事故的主要原因之一。（　　）

4. 倾斜煤层指的是煤层倾角在 8°~25°。（　　）

5. 矿井必须有完整的独立通风系统。（　　）

6. 入井前少喝酒。（　　）

7. 以下示意图为采煤工作面 U 形通风方式。（　　）

8. 工作面支架的中心距（支柱间排距）误差不超过 + 50 毫米。（　　）

9. 锚喷巷道喷层厚度不低于设计值的 90%。（　　）

10. 瓦斯是一种无色、无味、无臭的气体。（　　）

11. 矿井瓦斯等级划分为：突出矿井、高瓦斯矿井和低瓦斯矿井。（　　）

12. 在掘进迎头往后 10 米范围内，爆破前必须加固支架。（　　）

13. 发现透水预兆时，必须停止作业，采取措施，立即报告矿调度室，发出警报，撤出所有受水害威胁地点的人员。（　　）

14. 煤矿工人有依法获得安全生产保障的权利，并应当依法履行安全生产方面的义务。（　　）

15. 煤矿工人在上下班途中，受到非本人主要责任的交通事故或者城市轨道交通、客运轮渡、火车事故伤害的，应当认定为工伤。（　　）

二、填空题

1. 煤炭是由＿＿＿＿＿＿＿＿＿形成的。

2. 新招入矿的井下作业人员实习满＿＿＿＿＿后，方可独立上岗作业。

3. 煤矿班组安全建设着力筑牢煤矿安全生产＿＿＿＿＿＿防线。

4. 《煤矿安全规程》是我国煤矿安全管理方面最全面、最具体、最权威的一部基本＿＿＿＿＿＿＿＿。

5. 煤矿企业与工人建立劳动关系应订立＿＿＿＿＿劳动合同。

6. 在架线巷道行走时，严禁身体任何部位或携带的金属工具触及＿＿＿＿＿＿，以免触电事故的发生。

7. 采煤工作面必须保持至少＿＿＿＿个安全出口。

8. 瓦斯爆炸浓度界限为＿＿＿＿。

9. 生产过程中减少煤尘产生量和避免煤尘悬浮飞扬，是防止＿＿＿＿＿的根本措施。

10. 煤矿企业与工人订立的＿＿＿＿＿＿，应当载明有关保障工人劳动安全的事项。

11. 煤矿工人应当＿＿＿＿＿违章指挥和强令冒险作业。

12. 当发现作业现场即将发生冒顶时，最好的方法就是迅速＿＿＿＿＿，撤退到安全地点。

三、单项选择题

1. 安全生产工作坚持（　　）的方针。

A. 安全第一、预防为主

B. 安全第一、预防为主、综合治理

C. 安全第一、预防为主、综合治理、整体推进

2. 新修改的《中华人民共和国安全生产法》自（　　）起施行。

A. 2002 年 11 月 1 日

B. 2014 年 8 月 31 日

C. 2014 年 12 月 1 日

3. 生产经营单位主要负责人对重大、特别重大生产安全事故负有责任的，（　　）不得担任本行业生产经营单位的主要负责人。

A. 2 年内　　　　　　B. 5 年内　　　　　　C. 终身

4. （　　）指的是煤层厚度在 1.3 ~ 3.5 米。

A. 薄煤层　　　　　　B. 中厚煤层　　　　　　C. 厚煤层

5. （　　）指的是上盘相对下降，下盘相对上升。

A. 正断层　　　　　　B. 逆断层　　　　　　C. 平移断层

6. 液压支架的架间间隙不得超过（　　）毫米。

A. -50 ~ 50　　　　　　B. 100　　　　　　C. 200

7. 巷道净高误差范围锚喷巷道无腰线的为（　　）毫米。

A. -50 ~ 200　　　　　　B. 0 ~ 100　　　　　　C. 100 ~ 200

8. 掘进巷道防灭尘必须采取湿式钻眼、冲洗顶帮、（　　）、爆破喷雾、装煤洒水和净化风流。

A. 煤层注水　　　　　　B. 安装防尘罩　　　　　　C. 水炮泥

9. 探放水时应当撤出探放水点（　　）部位受水害威胁区域内的所有人员。

A. 以上　　　　　　B. 以下　　　　　　C. 附近

10. （　　）是指先综合探查，确定巷道掘进没有水害威胁后再掘进施工。

A. 先探后掘　　　　　　B. 预测预报　　　　　　C 有疑必探

11. 国家安监总局公布了《煤矿矿长保护矿工生命安全（　　）条规定》。

A. 五　　　　　　　B. 七　　　　　　　C. 十

12. 冒顶来不及撤出时，应当立即在（　　）躲避。

A. 采空区一侧　　　B. 单体柱的上方　　C. 木垛下方

13. （　　）事故发生后，现场作业人员应立即佩戴好自救器，迅速到达新鲜风流处。

A. 冒顶　　　　　　B. 透水　　　　　　C. 爆炸

14. 瓦斯煤尘爆炸时，应当（　　）空气颤动的方向俯卧在地。

A. 迎着　　　　　　B. 背向　　　　　　C. 侧向

15. 在严重高温烟雾巷道里撤退时，不要（　　）。

A. 在地上爬行　　　B. 沿巷侧前进　　　C. 直立奔跑

16. 在涌水的巷道中应当（　　）撤离。

A. 靠近巷道的一侧

B. 迎着水流方向

C. 涌水的巷道中央

17. 人工呼吸法主要有（　　）吹气法。

A. 口对耳　　　　　B. 口对口　　　　　C. 鼻对鼻

18. 入井人员必须（　　）自救器。

A. 佩戴　　　　　　B. 携带　　　　　　C. 随身携带

参 考 答 案

一、判断题

1.（√）　　2.（×）　　3.（√）　　4.（×）　　5.（√）

6.（×）　　7.（√）　　8.（×）　　9.（√）　　10.（√）

11.（×）　　12.（√）　　13.（√）　　14.（√）　　15.（√）

二、填空题

1. 古代植物　2. 4个月　3. 第一道　4. 规程　5. 书面

6. 架线　7. 2　8. 5%～16%　9. 煤尘爆炸　10. 劳动合同

11. 拒绝　12. 离开危险区

三、单项选择题

1. B　2. C　3. C　4. B　5. A　6. C　7. A　8. C　9. B

10. A　11. B　12. C　13. C　14. B　15. C　16. A

17. B　18. C

附录二 《煤矿企业新工人三级安全教育读本》考试试卷（露天煤矿）

一、判断题

1. 未经安全生产教育和培训合格的从业人员，不得上岗作业。
（　　）

2. 对新工人的安全教育培训分为二级来进行，即区队级和班组级。
（　　）

3. 违章作业是造成煤矿各类灾害事故的主要原因之一。（　　）

4. 倾斜煤层指的是煤层倾角在8°～25°。（　　）

5. 煤矿工人有依法获得安全生产保障的权利，并应当依法履行安全生产方面的义务。
（　　）

6. 煤矿工人在上下班途中，受到非本人主要责任的交通事故或者城市轨道交通、客运轮渡、火车事故伤害的，应当认定为工伤。
（　　）

7. 采掘空间直接敞露于地表的煤矿称为露天煤矿。（　　）

8. 轮斗挖掘机作业时，斗轮工作装置必须带负荷启动。（　　）

9. 对新入矿的工人，必须进行防火安全教育，考核不合格者，不准上岗。
（　　）

二、填空题

1. 煤炭是由＿＿＿＿＿＿形成的。

2. 煤矿班组安全建设着力筑牢煤矿安全生产＿＿＿＿＿防线。

3. 《煤矿安全规程》是我国煤矿安全管理方面最全面、最具体、最权威的一部基本＿＿＿＿＿。

4. 煤矿企业与工人建立劳动关系应订立＿＿＿＿＿劳动合同。

5. 煤矿企业与工人订立的＿＿＿＿＿＿，应当载明有关保障工人劳动安全的事项。

6. 煤矿工人应当＿＿＿＿＿＿违章指挥和强令冒险作业。

7. 露天煤矿开采是采煤和＿＿＿＿＿＿两部分作业的总称。

8. 露天采场主要区段的＿＿＿＿＿＿应设人行通路或梯子。

9. 装药前在爆破区两端插好＿＿＿＿＿＿，严禁与工作无关人员和车辆进入爆破区。

10. 任何人都不准在"三面"上＿＿＿＿＿＿和传播火源。

三、单项选择题

1. 安全生产工作应坚持（ ）的方针。

A. 安全第一、预防为主

B. 安全第一、预防为主、综合治理

C. 安全第一、预防为主、综合治理、整体推进

2. 新修改的《中华人民共和国安全生产法》自（ ）起施行。

A. 2002 年 11 月 1 日

B. 2014 年 8 月 31 日

C. 2014 年 12 月 1 日

3. 生产经营单位主要负责人对重大、特别重大生产安全事故负有责任的，（ ）不得担任本行业生产经营单位的主要负责人。

A. 2 年内   B. 5 年内   C. 终身

4. （ ）指的是煤层厚度在 1.3~3.5 米。

A. 薄煤层   B. 中厚煤层   C. 厚煤层

5. （ ）指的是上盘相对下降，下盘相对上升。

A. 正断层   B. 逆断层   C. 平移断层

6. 国家安监总局公布了《煤矿矿长保护矿工生命安全（ ）条规定》。

A. 五   B. 七   C. 十

7. 人工呼吸法主要有（ ）吹气法。

A. 口对鼻   B. 口对口   C. 鼻对鼻

8. 露天煤矿利用采掘设备将工作面煤岩铲挖出来，并装入运输设备（汽车、铁道、车辆、输送机）的过程称为（　　）。

A. 运输　　　　　　　B. 松碎　　　　　　　C. 采装

9. （　　）在有塌落危险的坡顶、坡底行走或逗留。

A. 严禁　　　　　　　B. 应当　　　　　　　C. 允许

10. 凿岩机穿孔时，钻机不宜在坡度超过（　　）的坡面上行走。

A. 10°　　　　　　　B. 15°　　　　　　　C. 20°

11. 露天采场深部做储水池时，因储水而停止采煤的工作面数少于采煤工作面总数的1/3时，排水期限不得（　　）15天。

A. 大于　　　　　　　B. 小于　　　　　　　C. 等于

参 考 答 案

一、判断题

1.（√）　2.（×）　3.（√）　4.（×）　5.（√）

6.（√）　7.（√）　8.（×）　9.（√）

二、填空题

1. 古代植物　2. 第一道　3. 规程　4. 书面　5. 劳动合同

6. 拒绝　7. 剥离　8. 上下平盘之间　9. 警戒旗　10. 生火

三、单项选择题

1. B　2. C　3. C　4. B　5. A　6. B　7. B　8. C　9. A

10. B　11. A

主要参考文献

1. 袁河津. 煤矿新工人岗前安全培训教材. 徐州：中国矿业大学出版社，2011

2. 李洪恩. 煤矿新工人三级安全教育读本. 北京：中国劳动社会保障出版社，2008

3. 袁河津.《煤矿安全规程》专家解读（2011年修订版）. 徐州：中国矿业大学出版社，2011

4. 曾海锋，汤克钧. 自救器的使用与管理. 北京：煤炭工业出版社，2007

5. 袁亮. 煤矿总工程师技术手册. 北京：煤炭工业出版社，2010

6. 徐永圻. 煤矿开采学. 徐州：中国矿业大学出版社，2009

7. 国家煤矿安全监察局，中国煤炭工业协会. 煤矿安全质量标准化基本要求及评分方法. 北京：煤炭工业出版社，2013